［2.1 后期剪辑操作流程］案例效果图

［2.2 素材编辑的基本方法］案例效果图

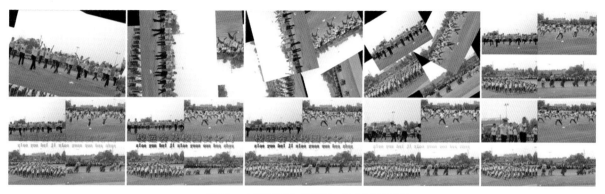

［2.3 创建运动视频］案例效果图

［2.4　嵌套序列的使用方法］案例效果图

［2.5　导入多格式素材］案例效果图

［2.6　声画合成、输出与打包］案例效果图

［3.1　视频切换效果的基础知识］案例效果图

［3.2　人物过渡］案例效果图

［3.3　创建卷页画册］案例效果图

［3.4　制作卷轴画效果］案例效果图

［3.5　3D 转场效果的制作］案例效果图

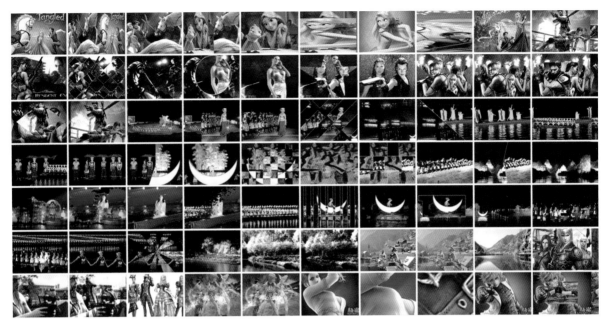

[3.6　其他视频切换效果介绍] 案例效果图

[4.1　视频特效基础] 案例效果图

[4.2　卷轴画变色效果] 案例效果图

[4.3　过滤颜色] 案例效果图

[4.4 画面变形] 案例效果图

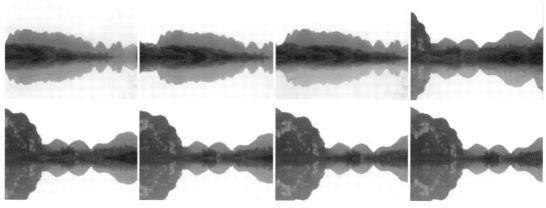

[4.6 倒影效果] 案例效果图

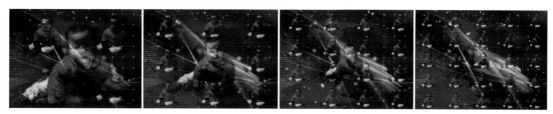

[4.7 重复画面效果] 案例效果图

[4.8 水墨山水画效果] 案例效果图

[4.9 滚动画面效果] 案例效果图

[4.10　局部马赛克效果] 案例效果图

[6.1　"字幕"窗口简介] 案例效果图

[6.2　制作滚动字幕] 案例效果图

[6.3　字幕排版技术] 案例效果图

[6.4　绘制字幕图形] 案例效果图

[7.1　电子相册] 案例效果图

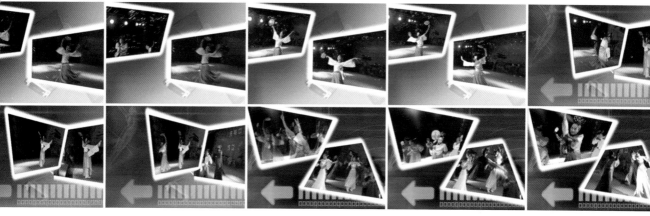

[7.2　画面擦出效果的制作] 案例效果图

[7.3　多画面平铺效果] 案例效果图

[7.4　画中画效果] 案例效果图

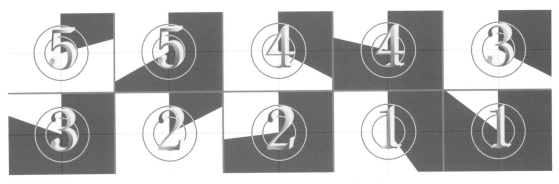

[7.5 倒计时电影片头的制作] 案例效果图

[8.2 《MTV——世上只有妈妈好》专题片技术实训] 案例效果图

"十二五"职业教育国家规划教材

经全国职业教育教材审定委员会审定

高职高专艺术设计专业"互联网+"创新规划教材

21 世纪全国高职高专艺术设计系列技能型规划教材

Premiere Pro CS6
影视后期制作(第 2 版)

主　编　伍福军

副主编　张巧玲　邓　进　张珈瑞　胡　芬

北京大学出版社

PEKING UNIVERSITY PRESS

内 容 简 介

　　本书根据编者多年的教学实践经验和对学生实际情况的了解而编写，书中精心挑选了几十个经典案例进行详细讲解，并通过与这些案例配套的练习来巩固相应的知识点和操作技能。本书注重理论与实践的结合，将设计案例的制作过程与理论相结合进行讲解。

　　本书内容分为非线性编辑及镜头语言运用、后期剪辑基础操作、丰富的视频转场特效、神奇的视频特效、强大的音频特效、后期字幕制作、综合案例制作、专题训练八部分内容。编者将 Premiere Pro CS6 的基本功能和最新功能融入案例，读者可以边学边练，既能掌握软件功能，又能尽快进行实际操作。

　　本书既可作为高职高专院校及中等职业院校计算机专业教材，也可作为影视后期制作人员与爱好者的参考用书。

图书在版编目(CIP)数据

Premiere Pro CS6 影视后期制作/伍福军主编. —2 版. —北京：北京大学出版社，2015.6
（21 世纪全国高职高专艺术设计系列技能型规划教材）
ISBN 978-7-301-25051-8

Ⅰ. ①P…　Ⅱ. ①伍…　Ⅲ. ①视频编辑软件—高等职业教育—教材　Ⅳ. ①TN94

中国版本图书馆 CIP 数据核字（2014）第 249648 号

书　　　名	Premiere Pro CS6 影视后期制作（第 2 版）
著作责任者	伍福军　主编
策 划 编 辑	孙　明
责 任 编 辑	孙　明　李瑞芳
标 准 书 号	ISBN 978-7-301-25051-8
出 版 发 行	北京大学出版社
地　　　址	北京市海淀区成府路 205 号　100871
网　　　址	http://www.pup.cn　新浪微博：@北京大学出版社
电 子 信 箱	pup_6@163.com
电　　　话	邮购部 62752015　发行部 62750672　编辑部 62750667
印 刷 者	三河市北燕印装有限公司
经 销 者	新华书店
	787 毫米×1092 毫米　16 开本　17.25 印张　彩插 4　398 千字
	2010 年 1 月第 1 版
	2015 年 6 月第 2 版　2020 年 1 月第 5 次印刷
定　　　价	45.00 元

第 2 版前言

【课程概述】

本书是在前版的基础上,根据编者多年的教学经验和对学生实际情况的了解编写而成。编者精心挑选了几十个经典案例进行详细讲解,并通过这些案例的配套练习来巩固所学的内容,通过实际操作与理论分析相结合的编写方式,让学生在实际案例的制作过程中既提高了设计思维能力,又掌握了理论知识。同时,扎实的理论知识又为实际操作奠定坚实的基础,使学生每做完一个案例就会有所收获,从而提高学生的动手能力与学习兴趣。

本书的编写体系进行了精心设置,按照"影片预览→本案例画面及制作步骤(流程)分析→详细操作步骤→举一反三"这一思路编排,从而达到以下效果。

第一:力求通过影片预览效果增加学生对学习的积极性和主动性;

第二:通过案例画面及制作步骤(流程)分析,使学生了解整个案例的制作流程、案例用到的知识点和制作步骤;

第三:通过详细操作步骤的讲解,使学生掌握整个案例的制作流程和需要注意的细节;

第四:通过举一反三,使学生对所学知识进一步得到巩固、加强,提高对知识的迁移能力。

本书的具体知识结构如下:

第 1 章 非线性编辑及镜头语言运用:主要介绍线性编辑的概念、非线性编辑的概念、非线性编辑的特点、非线性编辑的应用、非线性编辑与 DV、镜头运用、镜头的一般规律和方法、蒙太奇技巧的作用和镜头组接蒙太奇。

第 2 章 后期剪辑基础操作:通过 6 个案例介绍 Premiere Pro CS6 的相关基础知识。

第 3 章 丰富的视频转场特效:通过 6 个案例介绍视频转场效果的创建、参数设置和转场效果的作用。

第 4 章 神奇的视频特效:通过 10 个案例来介绍视频特效的创建及参数设置。

第 5 章 强大的音频特效:通过 6 个案例全面介绍音频素材的剪辑、音频切换效果的添加和参数设置、音频特效的创建和参数设置以及 5.1 声道音频文件的创建等相关知识点。

第 6 章 后期字幕制作:通过 4 个案例全面介绍简单字幕的创建、滚动字幕的创建和各种图形的绘制方法与技巧。

第 7 章 综合案例制作:通过 5 个案例对前面所学知识进行综合运用和巩固。

第 8 章 专题训练:通过《MTV 制作——世上只有妈妈好》专题片案例的讲解,全面介绍使用 Premiere Pro CS6 制作 MTV 和专题片的创作思路、流程、使用技巧和节目的最终输出等知识。

本书的每一章都配有 Premiere Pro CS6 影视效果文件、节目源文件、PPT 课件、教学视频和素材文件等,可登录 www.pup6.cn 下载。

由于编者水平有限,疏漏和不当之处在所难免,敬请广大读者批评指正。如有需要本书相关资源或疑问请与出版社或编者联系(电子信箱: 763787922@qq.com)。

编　者
2014 年 10 月

目　　录

第 **1** 章

非线性编辑及镜头语言运用

技能点

1. 线性编辑
2. 非线性编辑
3. 非线性编辑的特点
4. 非线性编辑的应用
5. 非线性编辑与 DV
6. 镜头运用
7. 镜头的一般规律和方法
8. 蒙太奇技巧的作用
9. 镜头组接蒙太奇

说 明

本章主要介绍非线性编辑及镜头语言的运用，学生要重点掌握镜头的一般规律和方法，蒙太奇技巧的作用以及镜头组接蒙太奇。

【参考视频】

本章主要介绍线性编辑的概念、非线性编辑的概念、非线性编辑与 DV 的关系、镜头运用的技巧和影视后期组接的方法。通过本章的学习使读者初步认识线性编辑和非线性编辑的含义、蒙太奇的概念和蒙太奇在影视后期剪辑中的作用。

1.1 线性编辑与非线性编辑

影视后期剪辑已经从早期的模拟视频的线性编辑时代完全转到数字视频的非线性编辑时代，这是影视后期剪辑的革命性飞跃。

1.1.1 线性编辑

线性编辑是指录像机通过机械运动使磁头以 25 秒/帧的模拟视频信号顺序记录在磁带上，然后再寻找下一个镜头，接着进行记录工作，通过一对一或二对一的台式编辑机将母带上的素材剪接成第二版的完成带。使用这种编辑方法，在编辑时也必须按顺序寻找所需要的视频画面。

使用线性编辑无法在已有的画面之间插入一个镜头，也无法删除一个镜头，除非把这之后的全部画面重新录制一遍。

使用线性编辑的效率非常低，现在已经被淘汰，因为这种编辑方法常常为了一个小小的细节而前功尽弃。使用这种编辑方法，在一般情况下，常常以牺牲节目质量为代价而省去重新编辑的麻烦。

1.1.2 非线性编辑

非线性编辑是指应用计算机图像技术，在计算机中对各种原始素材进行各种反复的编辑操作而不影响节目和素材的质量，把最终编辑好的结果输出到存储介质(计算机硬盘、磁带、录像机和光盘)上的一系列完整的工艺过程。

非线性编辑基本上是以计算机为载体的数字技术设备代替传统制作工艺中需要十几套机器才能完成的影视后期剪辑合成以及其他特技的制作。

非线性编辑的优势主要体现在：

(1) 素材被数字化存储在计算机硬盘上，存储的位置是并列平行的，与原始素材输入计算机时的先后顺序无关。

(2) 可以对存储在硬盘上的数字化音视频素材进行随意的排列组合。

(3) 可以方便快捷地随意修改而不损坏图像质量。

随着科学技术的进步，非线性编辑系统的硬件高度集成化和小型化，将传统的线性编辑制作系统中的字幕机、录像机、录音机、编辑机、切换机和调音台等外部设备集成到一台计算机中。现在用户使用一台普通的计算机及配合相应的后期制作软件，在家里就可以完成影视节目的后期剪辑。

1.1.3 非线性编辑的特点

非线性编辑的特点主要有以下几个方面：

(1) 非线性编辑是对数字视频文件的编辑和处理，与其他文件的处理方法相同，在计算机中可以随意进行编辑和重复使用而不影响质量。

(2) 在非线性编辑过程中只是对编辑点和特技效果的记录，所以在剪辑过程中随意修改、复制和调动画面前后顺序而不影响画面的质量。

(3) 可以对采集的素材文件进行实时编辑和预览。

(4) 非线性编辑系统功能高度集成化，设备小型化，可以和其他非线性编辑系统及个人计算机实现网络资源共享。

1.1.4　非线性编辑的应用

非线性编辑其实就是制作影视节目的一个工具，是把编导人员的想法变为现实的途径。

1．非线性编辑的种类

非线性编辑大致可以分为三类：

(1) 娱乐类，主要用于家庭用户。

(2) 准专业类，主要面对小型电视台、专业院校、广告公司和商业用户等。

(3) 专业级配置，主要面对大中型电视台和广告公司等。

2．非线性编辑的组成

随着科学技术的发展，各种硬件设备的升级和非线性软件的更新，在当时高档的非线性编辑设备，现在都可能处于被淘汰的边缘。不过，无论哪个品牌，哪种型号，非线性编辑系统始终由三个部分组成，即计算机主机、广播级视频采集卡和非线性编辑软件。

1.2　非线性编辑与 DV

本节将非线性编辑与 DV 放在一起来介绍，并不是说它们归属于同一个系统，而是因为 DV 是收集素材最快捷的途径，为影视后期制作带来了极大的方便。DV 逐渐替代各种专业摄像机是影视行业的发展趋势，也是影视编辑进入普通家庭的最好途径。

影视后期编辑所涉及的内容非常广泛，并不是熟练掌握某个软件就完全足够的。学习后期编辑软件的目的是为了制作出好的影视作品，要达到这一目的，除了熟练掌握后期制作软件之外，还必须了解与影视后期制作相关的知识。

随着科学的发展、数码技术的不断成熟，DV 已进入普通家庭，这为广大影视爱好者提供了丰富的素材来源。这里主要针对前期拍摄和后期制作注意事项做一个大致的介绍。

我们经常看到很多 DV 爱好者拿着 DV 漫无目的地拍摄，这样不仅浪费时间、精力和资源，也会影响良好拍摄习惯的养成。作为一个后期编辑人员，在每次拿起摄像机拍摄之前，首先应该考虑这次拍摄的目的和用途。建议把精力多花在拍摄前的酝酿和准备阶段，拍摄时就会有的放矢、事半功倍，这样才能收集到高质量的素材，给后期剪辑工作带来方便。对于所有 DV 爱好者来说，认识到这一点尤其重要。

1.3 镜头技巧及组接方法

镜头是构成影片的最小单位。从拍摄的思维角度来说，镜头是连续拍摄的一段视频画面，是电影的一种表达方式。

1.3.1 镜头运用

在很大程度上，电影语言是指镜头的运用。在文学写作中，常用倒叙、顺序、插叙等叙事方法，这些方法运用到电影当中，就称为蒙太奇。蒙太奇的运用实际上是指镜头的运用。

1. 推镜头

对推镜头的叙述有两种方式：

(1) 被摄对象固定，将摄像机由远而近推向被摄对象。

(2) 通过变焦距的方式，使画面的景别发生由大到小的连续变化。

使用推镜头可以模拟一个前进的角色观察事物的方式。在推镜头的过程中，被摄对象面积越来越大，逐渐占据整个画面，如图 1.1 所示(视频播放请观看"镜头运用.wmv")。

图 1.1

推镜头的主要作用有：

(1) 用来引导观众的视线，凸显全局中的局部、整体中的细节，以此强调重点形象或者突出某些重要的戏剧元素。

(2) 模拟从远处走近的角色的主观视线或者注意中心的变化，给观众身临其境的感受。

(3) 给观众的视觉感受是主体越来越近，主体的动作和情绪表达也越来越清晰，观众与表演者的距离缩短，更容易走进角色内心。

2. 拉镜头

拉镜头有两种叙述方式：

(1) 被摄对象固定，将摄像机逐渐远离被摄对象。

(2) 运用变焦距的方式，使画面的景别发生由小到大的连续变化。

使用拉镜头可以模拟一个远离的角色观察事物的方式，在拉镜头的过程中，被摄对象面积越来越小，如图 1.2 所示(视频播放请观看"镜头运用.wmv")。

图 1.2

拉镜头的主要作用有：

(1) 表现镜头主体与环境的关系。

(2) 表现角色精神的崩溃。

(3) 用来表现主角退出现场。

3. 摇镜头

摇镜头是指摄像机位置不变，摄像机镜头围绕被摄对象做各个方向、各种形式的摇动拍摄得到的运动镜头形式。

摇镜头主要用来表现环顾周围环境的空间展现方式，如图 1.3 所示(视频播放请观看"镜头运用.wmv")。

图 1.3

摇镜头的作用：

(1) 展示广阔空间。

(2) 模拟角色主观视线。

(3) 变换镜头主体。

(4) 辅助角色位移表现场面调度。

(5) 表现主体运动。

4. 移镜头

移镜头是指被摄对象固定、焦距不变的情况下，摄像机做某个方向的平移拍摄。移镜头主要用来代表角色的主观视线，也可以作为导演表达创作意图的工具。

移镜头主要包括了横移、竖移、斜移、弧移、前移、后移和跟移，如图 1.4 所示(视频播放请观看"镜头运用.wmv")，是一组横移和弧移镜头。

图 1.4

移镜头的作用：
(1) 展现连续空间的丰富细节。
(2) 使用前移和后移镜头来展现多层次空间。
(3) 展现场景，引出叙事。
(4) 辅助场景转换。

5. 甩镜头

甩镜头也称扫镜头，是指从一个对象飞速摇向另一个对象，如图1.5所示(视频播放请观看"镜头运用.wmv")。

图 1.5

甩镜头的作用：
(1) 增强视觉变化的突然性和意外性。
(2) 表达紧张和激烈的影片气氛。
(3) 使两个镜头连接在一起，而不露剪辑痕迹。

6. 跟镜头

跟镜头是指摄像机镜头与被摄对象的运动方向一致且保持等距离运动。跟镜头能保持对象运动过程的连续性与完整性，如图1.6所示(视频播放请观看"镜头运用.wmv")。

图 1.6

跟镜头的作用：
(1) 展现角色运动的同时表现角色的形态和神态。
(2) 引出新场景。

7. 旋转镜头

旋转镜头是指机位不动旋转拍摄或者是摄像机围绕被摄物体旋转拍摄，如图1.7所示(视频播放请观看"镜头运用.wmv")。

图 1.7

旋转镜头的作用：

(1) 表现角色眼中形象的变化。

(2) 表达画面后的情绪或者思想。

(3) 增强艺术感染力。

8. 晃动镜头

晃动镜头是指摄像机做前后、左右的摇摆，如图 1.8 所示(视频播放请观看"镜头运用.wmv")。

图 1.8

晃动镜头的作用：

(1) 模拟乘车、乘船、地震等效果。

(2) 表示头晕、精神恍惚等主观感受。

1.3.2　镜头的一般规律和方法

影视后期剪辑的主要任务是将镜头按照一定的排列次序组接起来，使镜头能够延续并使观众能够看出它们是融合的完整统一体。要达到这一点，在后期剪辑中一定要遵循镜头的发展和变化规律。

镜头的发展和变化规律主要有如下几点：

1. 符合人的思维方式和影视表现主题

要使观众看懂你的影视作品并满足观众的心理需求，镜头的组接一定要符合生活逻辑和思维逻辑，而且影视节目的主题与中心思想要明确。

2. 景别的变化要"循序渐进"

在拍摄过程中要注意，有两种方式不宜用于后期组接。一是在拍摄一个场景的时候，景别的发展过分剧烈；二是景别的变化不大，而且拍摄角度变化也不大。

作为一个摄影师，在拍摄过程中一定要遵循景别的发展变化规律，循序渐进地变换镜头。

在影视后期剪辑中一定要注意，同一机位、同一景别又同一个主题的画面不能组接在一起。因为它们之间的景别变化小，角度变化也不大，一幅幅画面看起来雷同，接在一起就像同一个镜头在不断地重复。只要画面中的景物稍有变化，就会在人的视觉中产生跳动或者使人感觉一个长镜头被剪断了好多次，破坏了画面的连续性。

3. 拍摄方向和轴线规律

在影视后期剪辑中要遵循轴线规律，否则，两个画面接在一起主体对象会出现"撞车"现象。

在拍摄过程中，一般情况下，摄像师不能越过轴线，到另一侧进行拍摄。如果为了特殊表现的需要，在越轴的时候，也要使用过渡镜头，这样才不会使观众产生误会。

4. "动"接"动"、"静"接"静"

"动"接"动"是指画面中同一主题或者主体的动作是连贯的，可以动作接动作，达到流畅、简洁过渡的目的。

"静"接"静"是指两个画面中的主体运动是不连贯的，或者它们中间有停顿，那么这两个镜头的组接，必须在前一个画面主体做完一个完整动作停下来后，接入另一个从静止到开始的运动镜头。

为了表现特殊的需要，也可以"静"接"动"或"动"接"静"。这需要读者自己在实践中不断摸索和总结。

5. 镜头组接的时间长度

在影视后期剪辑中，每个镜头的停滞时间长短不一定相同，要根据表达内容的难易程度、观众的接受情况和画面构图等因素来确定。例如，景别选择不同，包含在画面中的内容也不同。远景、中景等大景别的画面包含的内容比较多，观众需要看清楚这些画面中的内容，所需要的时间就相对要长。而对于近景、特写等小景别的画面，所包含的内容较少，观众只需要短时间就可以看清楚，所以画面停留的时间可以短一些。

即使在同一画面，亮度高的部分比亮度低的部分更能引起人们的注意。因此，如果该画面要表现亮的部分时停滞时间应该短些，如果要表现暗的部分，停滞时间就应该长一些。在同一画面中，动的部分比静的部分更能引起人们的注意，如果要重点表现动的部分，画面停滞时间则要短些；表现静的部分，则画面停滞的时间应该稍微长一些。

6. 影调色彩的统一

在影视后期剪辑中，无论是黑白还是彩色画面的组接，都应该保持画面色调的一致性。如果把明暗或者色彩对比强烈的两个镜头组接在一起，就会使人感到生硬和不连贯，进而影响画面内容的表达。

1.4 电影蒙太奇

蒙太奇来自法文 Montage 的音译，意为装配和构成。它本来是建筑学的词汇，前苏联蒙太奇学派大师库里肖夫首先运用于电影艺术当中，并且沿用至今。在无声电影时代，蒙太奇表现技巧和理论的内容只局限于画面之间的组接。到了有声电影时代，影片的蒙太奇表现技巧和理论又包括了声画蒙太奇和声声蒙太奇技巧与理论。

【参考视频】

1.4.1　蒙太奇技巧的作用

一部影片成功与否的重要因素之一就是蒙太奇组接镜头和音效技巧的运用。蒙太奇的作用主要表现在以下几个方面：

(1) 表达寓意，创造意境。

(2) 选择和取舍，概括与集中。

(3) 引导观众注意力，激发联想。

(4) 创造银幕上的时间概念。

(5) 使影片画面形成不同的节奏。

1.4.2　镜头组接蒙太奇

镜头组接蒙太奇在不考虑音频效果和其他因素时，单从其表现形式来分，蒙太奇可分为两大类：叙事蒙太奇和表现蒙太奇。

1. 叙事蒙太奇

叙事蒙太奇是以镜头、场景或者段落的连接展现影片情节的蒙太奇形态，一般是以时间或者故事逻辑为线索展现一个或者几个空间内的故事。叙事蒙太奇主要分为连续蒙太奇、平行蒙太奇、交叉蒙太奇、颠倒蒙太奇、复现蒙太奇和错觉蒙太奇。

(1) 连续蒙太奇是以时间的顺序为维度，由始至终地组织镜头、场景或者段落。在实际运用中，它通常与平行蒙太奇、交叉蒙太奇结合使用。

(2) 平行蒙太奇是指在很多影片中，故事的发展要通过两条甚至更多条线索的并列表现和分头叙述来完整展现。

(3) 交叉蒙太奇是平行蒙太奇的发展。交叉蒙太奇中同样是几条线索的共同叙事，与平行蒙太奇相比，几条线索除了有严格的同时性之外，更注重线索之间的影响和关联，即其中一条线索的发展必定决定或影响其他线索的发展。

(4) 颠倒蒙太奇对应的是文学中的插叙或者倒叙方式，它将故事发展的时间顺序打乱重组，将现在、过去、回忆、幻觉的时空有机地交织在一起，通常用于特定叙述需要。

(5) 复现蒙太奇是指将具有戏剧因素的某种形象或者镜头画面在剧情发展的关键时刻反复出现于影片之中，既构成影片的内在情节结构，又是情绪上的强调。

(6) 错觉蒙太奇是指在影片叙事中先故意让观众猜测到情节的必然发展，然后突然揭示出与观众猜测恰好相反的结局。其目的是突出影片的戏剧效果。

2. 表现蒙太奇

表现蒙太奇是以镜头的连续展现影片情感或者寓意的蒙太奇形态。表现蒙太奇不同于叙事蒙太奇可以在镜头、场景和段落之间展现，而通常只是以镜头为单位进行组接表达某种涵义，有时还可以通过一个镜头内的调度来表意。表现蒙太奇包括隐喻蒙太奇、对照蒙太奇、积累蒙太奇、抒情蒙太奇、心理蒙太奇、想象蒙太奇和声画蒙太奇。

(1) 隐喻蒙太奇是指通过两个或者两个以上镜头的并列，产生一种类似于文学中象征或者比喻的效果，表达影片暗示的、潜在的思想情感。

(2) 对照蒙太奇也称对比蒙太奇，是通过镜头间的内容或者形式的强烈对比，表达创作者的某种寓意，或者强化影片内容、情绪。对照蒙太奇利用差异夸大矛盾，达到强烈的对比效果，令观众产生难忘的心理印象。

(3) 积累蒙太奇类似于文学中的排比句，将一系列性质相同或相近的镜头组接在一起，以镜头的积累表现某种场景。

(4) 抒情蒙太奇在影视制作中往往与叙事相结合，在影片叙事的框架内展现主人公的情绪或者感受。

(5) 心理蒙太奇是指通过镜头呈现角色内心世界变化的一种电影表现手法。

(6) 想象蒙太奇是指运用摄影表现手法的高度自由性和方便性，通过镜头画面的自由变化与切换表现影片主题，其构成这个影片的镜头无需有逻辑上、情节上的关联，而只需要符合本影片的主题，达到最终的表现目的即可。

(7) 声画蒙太奇指的是声画结合共同达到叙事或表意功能的蒙太奇形态。在声画蒙太奇中，声音与画面一样，也是构成影片内容的艺术因素之一。

1.5   Premiere Pro CS6 新增功能介绍

Premiere Pro CS6 是 Adobe 出品的全球顶级视频编辑创作软件，它为高质量的视频提供了完整的解决方案。Premiere Pro CS6 改进了可定制的用户界面，加入了新相机的支持，水印加速功能使其与第三方的硬件联系更加紧密，在加快工作效率的同时，又保持了 Premiere Pro 一贯的稳定性。软件广泛用于广告视频、电视电影视频、电视教学录制剪辑等领域，它是视频后期制作必须掌握的软件。

Premiere Pro CS6 软件将卓越的性能、优美的改进用户界面和许多奇妙的创意功能结合在一起，包括用于稳定素材的 Warp Stabilizer、动态时间轴裁切、扩展的多机编辑和调节图层等方面。

Premiere Pro CS6 是一款编辑画面质量比较好的软件，有较好的兼容性，且可以与 Adobe 公司推出的其他软件相互协作。目前这款软件广泛应用于广告制作和电视节目制作。

Premiere Pro CS6 新增功能主要体现在如下几个方面：

1. 简化而高度直观的用户界面

Premiere Pro CS6 借助高度直观的可自定义界面，可查看更多视频并减少杂乱。新的监视面板包括可自定义的按钮栏；新的项目面板直接侧重于媒体资料，允许轻扫、拖曳剪辑和标记为编辑。

【参考视频】

2. 改善的用户界面实现了更顺畅的工作流程

Premiere Pro CS6 具有可自定义的项目面板视图、传输控制、音频仪表板和跟踪标题。可直接在 Media Browser 中播放剪辑。

3. 流畅的高性能编辑工作流程

Premiere Pro CS6 利用最受欢迎的编辑增强功能(包括 50 多种新功能)帮助编辑人员更舒适地将 NLE 切换到 Premiere Pro。

4. 动态时间轴裁切

Premiere Pro CS6 采用全新而先进的裁切工具提高了编辑精度。按需要的方式裁切剪辑，通过键盘输入直接在时间轴中裁切。

5. Warp Stabilizer 效果

Premiere Pro CS6 使用与 After Effects 软件中同样的强大技术，轻松使晃动的相机平稳地移动并自动锁定镜头。新的 GPU 加速 Warp Stabilizer 可消除抖动和滚动式快门伪像以及其他与运动相关的异常情况。

6. 扩展的多机编辑

Premiere Pro CS6 快速方便地编辑采用任意多个相机拍摄的多机素材，通过时间码同步，在两个轨道之间实时切换，并跨多个镜头调整颜色。

7. 更直观的三法颜色校正器

Premiere Pro CS6 使用直观的三法颜色校正器更好地管理项目中的颜色，精确地校正主颜色和辅助颜色。使用 Photoshop 风格的自动校正功能即时改进视频图像的质量。

8. 新的调整图层

Premiere Pro CS6 应用跨多个剪辑的效果。现在您可以创建调整图层(与 Photoshop 和 After Effects 中的类似)，并将效果应用于轨道中后续的剪辑。方便地创建蒙版，以调整某个镜头的所选区域。

9. 改进的可自定义监视面板

在 Premiere Pro CS6 整洁的可自定义界面中，可以选择在监视面板中显示或隐藏哪些按钮，让用户能够专注于用户的媒体。

10. 更快速的项目面板工作流程

Premiere Pro CS6 使用重新设计的项目面板，比以前更方便查看、排序和排列媒体。通过拖曳、轻扫剪辑、设置切入、设置切出和调整剪辑缩览图大小功能，可以更快地进行编辑。

11. 新的相机支持

Premiere Pro CS6 中,相机处理使用最新视频相机(包括 ARRI Alexa、Canon Cinema EOS C300、RED EPIC 和 RED Scarlet-X 相机)拍摄的素材。相机支持可以立即开始编辑,无需转码或重新打包素材。

第2章

后期剪辑基础操作

技能点

1. 后期剪辑操作流程
2. 素材编辑的基本方法
3. 创建运动视频
4. 嵌套序列的使用方法
5. 导入多格式素材
6. 声画合成、输出与打包

说　明

　　本章主要通过 6 个案例全面介绍后期剪辑基础操作，这些操作是学习后面章节和进行作品创作的基础，读者要熟练掌握这些案例的操作步骤。

本章主要介绍影视后期剪辑操作流程、素材编辑的基本方法、创建运动视频、嵌套序列的使用方法、导入多格式素材、声画合成、输出与打包等知识点。本章是学习后面章节的基础，希望读者熟练掌握本章所介绍的内容。

2.1 后期剪辑操作流程

2.1.1 影片预览

影片在本书提供的配套素材中的"第2章 后期剪辑基础操作/最终效果/2.1 后期剪辑操作流程.flv"文件中。通过观看影片了解本案例的最终效果。本案例主要使用在花果山公园拍摄的一些视频、图片素材与背景音乐进行后期合成，制作一段"花果山公园风景赏析"短片。通过该案例的学习，使学生了解后期剪辑的基本操作流程和素材收集的方法。

2.1.2 本案例画面及制作步骤(流程)分析

案例部分画面效果如下：

案例制作的大致步骤：

确定项目，进行策划，根据策划收集素材。 → 新建项目文件，将收集的素材导入【项目库】中。 → 对导入的素材进行编辑。 → 对编辑完成的影片进行输出

2.1.3　详细操作步骤

案例引入：

(1) 素材收集主要有哪些途径？

(2) 怎样创建项目文件？

(3) 怎样设置【新建项目】对话框中的相关参数？

(4) 后期剪辑的操作流程？

(5) 项目制作的流程？

1. 制作流程

在这里主要介绍项目制作流程和后期剪辑流程。

1) 项目制作流程

与客户进行交流，确定项目要求，进行策划→将策划书交给客户，与客户进行沟通，根据客户意见进行修改(此过程可能会重复多次)→根据最终策划书，收集素材→对所收集的素材进行后期剪辑，制作完毕之后，输出小样→将小样交给客户进行审查，根据客户意见进行修改，通过审查之后→将最终剪辑项目根据要求输出最终结果，交给客户，项目完成。

2) 后期剪辑流程

新建项目文件，将收集的素材分类导入【项目库】中→根据策划书要求，对【项目库】中的素材进行剪辑、添加字幕和声画对位→根据创意要求使用视频特效和视频切换对剪辑后的素材进行画面和转场处理→对制作的项目进行检查和修改→确定项目没有问题之后，进行输出。

视频播放： 制作流程的详细介绍，请观看配套视频"制作流程.wmv"。

2. 素材收集的主要途径

素材收集主要有如下几个途径：

(1) 使用数码设备收集素材。数码设备主要包括摄像机、摄影机和扫描仪。使用摄像机和摄影机都可以收集视频素材和图片素材。使用扫描仪可以对收集的书籍和杂志中的图片以及文字素材进行扫描，将其转换为可用的素材。

(2) 通过网络收集素材。随着网络技术的不断发展，人们对网络的依赖程度也越来越高，在制作项目时，我们通过网络可以很容易地收集到很多有用的素材。

(3) 通过第三方软件制作一些特殊要求的素材。在制作项目的时候，如果通过上面两种途径没法收集到素材，就要靠后期制作人员通过第三方软件来完成。例如一些特殊要求的视频特效、三维模型和一些创意图片等。此时，后期制作人员可以将 Photoshop、3ds Max、Maya 和 After Effects 等第三方软件配合使用，完成项目的特殊要求。

(4) 通过电视或发售的影片收集素材。在制作项目时，有时候可以收集电视或电影中的部分片段素材。例如，在制作一些教学片的时候，就可以引用电视或历史科教片中的一些素材来说明教学中的某个问题或观点。

【参考视频】

视频播放：素材收集主要途径的详细介绍，请观看配套视频"素材收集的主要途径.wmv"。

3. 创建新项目和导入素材

1) 创建新项目

步骤 1：如果桌面上有 Premiere Pro CS6 的快捷图标，用鼠标直接双击此快捷图标即可启动。

步骤 2：如果桌面上没有 Premiere Pro CS6 的快捷图标，则单击 → 所有程序 → Adobe Premiere Pro CS6 项，弹出如图 2.1 所示的节目选择对话框。

(1) **最近使用项目**：在【最近编辑过的节目】下面会显示最近编辑过的 5 个节目文件，用户可以直接单击需要打开的节目文件。

(2) (新建项目)：单击该按钮，即可弹出【新建项目】对话框，用户可以根据需要设置项目文件。

(3) (打开项目)：单击该按钮，即可弹出【打开项目】对话框，在该对话框中单选需要打开的项目，单击 打开(O) 按钮即可将选择的项目打开。

(4) (帮助)：单击该按钮，即可打开一个帮助文件，该文件是 Premiere Pro CS6 的一个功能说明文件，很少使用。

(5) 退出：单击该按钮，即可退出 Premiere Pro CS6 软件的启动，返回 Windows 操作界面。

步骤 3：单击 【新建项目】按钮，弹出【新建项目】对话框，具体设置如图 2.2 所示。

图 2.1　　　　　　　图 2.2

步骤 4：单击 确定 按钮，弹出【新建序列】对话框，具体设置如图 2.3 所示。

参数说明：

(1) 有效预设：在该列表中，用户可以根据自己的需要选择配置方案。下面对其中的设置选项进行简单介绍：

① DV - 24P：这种预设用于 24PDV 摄像机，如松下 AG-DVX100 和佳能 XL2249，有时也用于电影制作。

【参考视频】

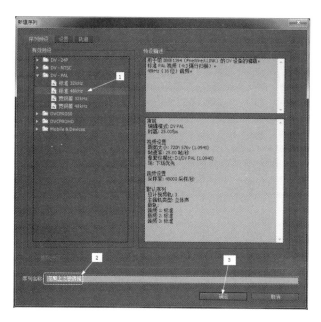

图 2.3

② DV - NTSC ：北美、南美和日本的电视显示标准，在这些国家大多数 Premiere Pro CS6 用户使用此选项。

③ DV - PAL ：大多数西欧国家、澳洲和中国的电视显示标准，在这些国家大多数 Premiere Pro CS6 用户使用此选项。

④ DVCPRO50 ：用于编辑以 Panasonic P2 摄像机拍摄录制的 4∶3 或 16∶9 MXF 素材，隔行或逐行扫描渲染。

(2) 序列名称 ：在 序列名称 文本框中输入新建序列的文件名，单击 确定 按钮即可创建一个新的序列文件。

新建项目文件之后，Premiere Pro CS6 的操作界面，如图 2.4 所示。

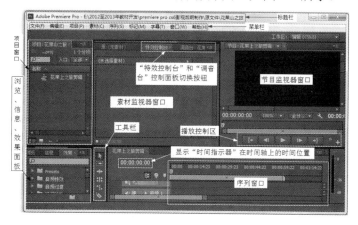

图 2.4

2) 导入素材

步骤 1: 在菜单栏中单击 文件(F) → 导入(I)… 命令或在【项目】窗口的空白处双击鼠标左键,弹出【导入】对话框,在【导入】对话框中找到需要导入的素材所在文件夹,选择需要导入的素材,如图 2.5 所示。

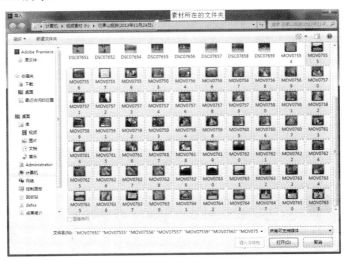

图 2.5

步骤 2: 单击 打开(O) 按钮即可将选中的素材导入【项目库】中,如图 2.6 所示。

图 2.6

步骤 3: 方法同上。继续将所需要的音频素材以及其他素材导入【项目库】中。

视频播放: 创建新项目和导入素材的详细介绍,请观看配套视频"创建新项目和导入素材.wmv"。

【参考视频】

4. 配音和剪辑画面

1) 配音

步骤 1：将"背景音乐.mp3"音频文件拖曳到"花果山之旅剪辑"序列中的"音频 1"轨道上，如图 2.7 所示。

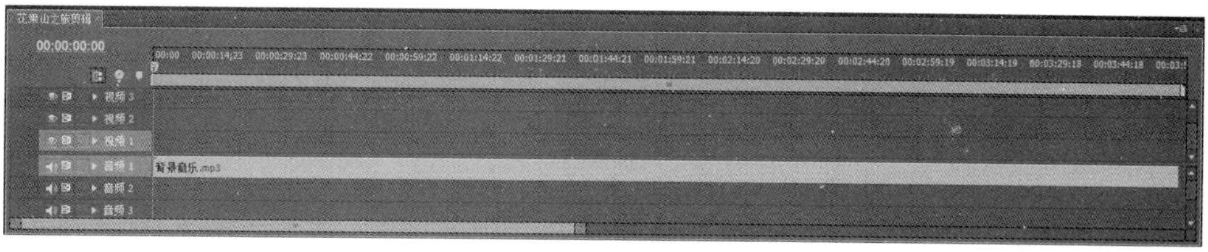

图 2.7

步骤 2：单击 音频1 左边的 ■ (轨道锁定开关)按钮，即可将"音频 1"轨道上的音频锁定，如图 2.8 所示。

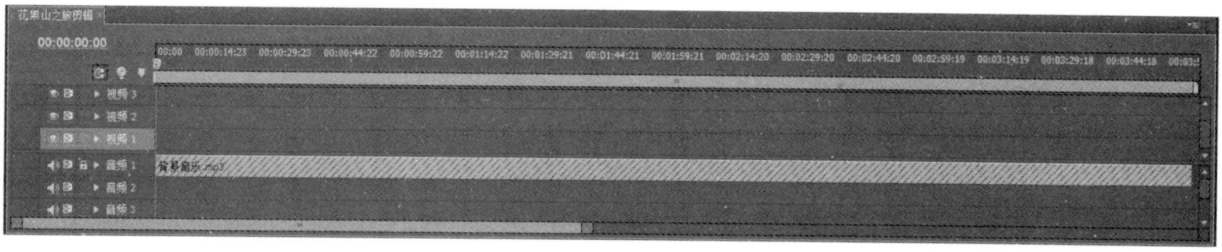

图 2.8

提示：在后期剪辑中，有时会根据音频来配视频，有时会根据视频来配音频。例如，在制作 MTV 或一些专题片时采用根据音频来配视频画面；在电影后期剪辑或动画片剪辑的时候，一般情况下根据视频画面来配音乐、动效和对白。当然，无论采用哪一种剪辑方法都不一定完全遵循某一规则，要根据具体情况而定。

2) 剪辑画面

步骤 1：在【项目库】中双击需要剪辑的素材。此时，在【素材监视器】窗口中显示双击的素材。

步骤 2：单击【素材监视器】窗口下边 ▶ (播放-停止切换)按钮，开始播放素材确定素材的入点，单击 ■ (播放-停止切换)按钮停止素材播放，再单击 ❚ (标记入点(I))按钮确定素材入点的位置，如图 2.9 所示。

步骤 3：单击【素材监视器】窗口下边 ▶ (播放-停止切换)按钮，开始播放素材确定素材的出点，单击 ■ (播放-停止切换)按钮停止素材播放，再单击 ❚ (标记出点(O))按钮确定素材出点的位置，如图 2.10 所示。

步骤 4：将光标移到【素材监视器】窗口中的素材上，按住鼠标左键不放，将素材拖曳到"视频 1"轨道中"时间指示器"所在的位置，如图 2.11 所示。松开鼠标左键即可将素材拖曳到"视频 1"轨道中，如图 2.12 所示。

  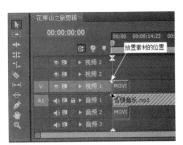

图 2.9   图 2.10   图 2.11

步骤 5：将光标移到"视频 1"轨道中的素材上，单击鼠标右键，弹出快捷菜单，在弹出的快捷菜单中单击 解除视音频链接 按钮，解除"视频 1"轨道中素材的视频与音频之间的关联。

步骤 6：单选"音频 2"轨道中的音频素材，单击键盘上的"Delete"键，将其音频删除，如图 2.13 所示。

步骤 7：将"时间指示器"移到"视频 1"轨道中第 1 段素材出点的位置，如图 2.14 所示。

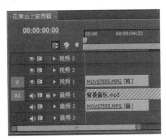  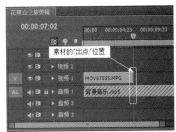

图 2.12   图 2.13   图 2.14

步骤 8：在【项目库】中双击第 2 段需要放置到"视频 1"轨道中的素材，在【素材监视器】窗口中标记素材的入点和出点。

步骤 9：将标记好入点和出点的素材拖曳到"视频 1"轨道中"时间指示器"所在的位置，如图 2.15 所示。松开鼠标左键即可将素材放置到视频轨道中，如图 2.16 所示。

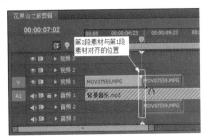 

图 2.15   图 2.16

步骤 10：取消"视频 1"轨道中第 2 段素材的视频与音频之间的关联，并将其音频删除，如图 2.17 所示。

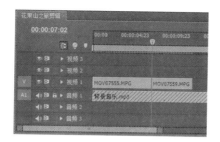

图 2.17

步骤 11： 方法同上。根据项目要求将其他素材拖曳到"视频 1"轨道中，最终效果如图 2.18 所示。

图 2.18

提示： 添加图片的方法比视频剪辑简单，在【项目库】中选择需要添加到序列窗口轨道中的图片，按住鼠标左键不放，将其直接拖曳到需要放置图片的视频轨道中即可。

3) 调节画面大小

在本项目的末尾添加的 7 张图片，由于图片的尺寸比较大，需要对图片的大小进行调节，调节的具体方法如下。

步骤 1： 在"视频 1"轨道中单选需要调节画面大小的图片，如图 2.19 所示。

步骤 2： 单击 特效控制台 图标，切换到【特效控制台】浮动面板。设置"位置"和"缩放"参数，具体设置如图 2.20 所示。

步骤 3： 图片调节大小之后，在【节目监视器】窗口中的效果如图 2.21 所示。

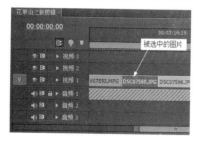

图 2.19

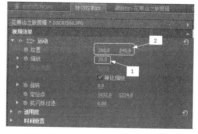

图 2.20

图 2.21

步骤 4： 调节其他图片的大小和位置的方法同上。

视频播放： 配音和剪辑画面的详细介绍，请观看配套视频"配音和剪辑画面.wmv"。

21

5. 给视频轨道中两段素材之间添加转场效果

在前面已经根据背景音乐和剪辑要求，将素材添加到视频轨道中，单击【节目监视器】窗口下边的▶(播放-停止切换)按钮或按键盘上的"Enter"键进行播放预览剪辑效果。再单击■(播放-停止切换)按钮或按"Enter"键停止播放。从预览可知，在两段素材之间的过渡不自然，在 Premiere Pro CS6 中可以通过添加视频切换效果来解决。具体操作方法如下。

步骤 1：将光标移到需要添加的视频切换效果上，如图 2.22 所示。

步骤 2：按住鼠标左键不放的同时，将鼠标移动到需要添加视频切换效果的两段素材之间，此时，光标的形态发生改变，如图 2.23 所示。松开鼠标即可。

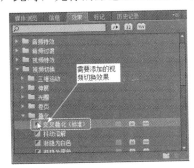

图 2.22

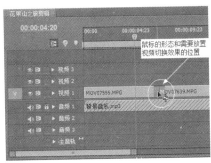

图 2.23

步骤 3：单选添加的视频切换效果，在【特效控制台】浮动面板设置视频切换效果的参数，具体设置如图 2.24 所示。

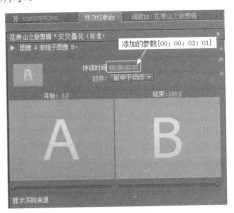

图 2.24

步骤 4：方法同上。继续给其他素材之间添加视频切换效果。最终效果如图 2.25 所示。

图 2.25

提示：在给素材之间添加视频转场效果时，一定要注意，视频切换效果是为剪辑、解决素材之间过渡僵硬和创意服务的。不要在每个过渡之间都添加视频切换效果，这是初学者最容易犯的错误。要根据实际和创意需要添加视频切换效果。

视频播放：给视频轨道中两段素材之间添加转场效果的详细介绍，请观看配套视频"给视频轨道中两段素材之间添加转场效果.wmv"。

6. 项目输出

剪辑完成之后，按 Enter 键播放编辑完成的项目文件，检查是否有问题。如发现问题及时进行修改，重复进行播放预览、检查和修改，直到满意为止。预览检查完成进行项目输出。

步骤 1：在菜单栏中单击 文件(F) → 导出(E) → 媒体(M)... 命令，弹出【导出设置】对话框，根据项目要求设置对话框如图 2.26 所示。

图 2.26

步骤 2：单击 导出 按钮即可根据要求导出项目文件，并出现一个【导出进度】对话框，如图 2.27 所示。

图 2.27

步骤 3：在【导出进度】对话框中提供了导出时需要的时间和进度百分比，让用户了解导出需要的大致时间。

步骤4： 最终输出的部分截图效果请观看案例部分画面效果和配套素材中的"花果山之旅剪辑.flv"文件。

视频播放： 项目输出的详细介绍，请观看配套视频"项目输出.wmv"。

2.1.4 举一反三

使用该案例介绍的方法，读者自己创建一个名为"我的第一次练习.prproj"节目文件，导入自己收集的视频和音频素材进行简单编辑，输出命名为"我的第一次练习.avi"文件。

2.2 素材编辑的基本方法

2.2.1 影片预览

影片在本书提供的配套素材中的"第2章 后期剪辑基础操作/最终效果/2.2 素材编辑的基本方法.flv"文件中。通过观看影片了解本案例的最终效果。本案例主要介绍 Premiere Pro CS6 中工具的作用和使用方法、定制工作界面和快捷键、使用三点编辑和四点编辑的方法对视频、音频、图片素材进行合成与编辑。通过本案例的学习，使学生熟练掌握 Premiere Pro CS6 中工具的作用和使用方法、定制工作界面和快捷键、三点编辑和四点编辑的概念、操作方法和技巧。

2.2.2 本案例画面及制作步骤(流程)分析

案例部分画面效果如下：

案例制作的大致步骤：

2.2.3 详细操作步骤

案例引入：

(1) 了解工具栏中各个工具的作用。

【参考视频】

(2) 怎样使用工具栏中的工具？

(3) 什么叫做入点和出点？

(4) 什么叫做三点编辑和四点编辑？

1. 创建新项目

启动 Premiere Pro CS6，创建一个名为"素材编辑的基本方法.prproj"的项目文件。

视频播放：创建新项目的详细介绍，请观看配套视频"创建新项目.wmv"。

2. Premiere Pro CS6 工具

在 Premiere Pro CS6 中，主要包括█(选择工具)、█(轨道选择工具)、█(波纹编辑工具)、█(滚动编辑工具)、█(速率伸缩工具)、█(剃刀工具)、█(错落工具)、█(滑动工具)、█(钢笔工具)、█(手形工具)、█(缩放工具)等工具，如图 2.28 所示。

█(选择工具)：主要用来选择素材、移动素材和调节素材关键帧。

提示：如果将█(选择工具)移到素材的出点或入点，光标变成█(拉伸)或█(拉伸)图标，按住鼠标左键不放的同时进行左右移动，可以改变素材的出点和入点位置。

█(轨道选择工具)：主要用来选择某一轨道上的当前选择素材段(包含选择的素材段)之后的所有素材。按住"Shift"键，可以选择多个轨道上的素材。

█(波纹编辑工具)：使用该工具拖动素材的出点可以改变素材的长度，而轨道上其他素材的长度不受影响。

█(滚动编辑工具)：主要用来调整两个相邻素材的长度，两个被调整的素材长度变化是一种彼消此长的关系，在固定的长度范围内，一个素材增加的帧数等于相邻的素材中减去的帧数。

█(速率伸缩工具)：主要用来调节素材的速度。缩短素材则速度加快，拉长素材则速度减慢。

█(剃刀工具)：主要用来将一段素材分割成几段素材。选择该工具，在素材上单击，即可在单击处将素材分割成两段素材，产生新的入点和出点。

█(错落工具)：主要用来改变一段素材的出点和入点，素材的总长度不变，也不影响相邻素材的入点和出点。

█(滑动工具)：主要用来保持剪辑素材的入点和出点不变，改变前一素材的出点和后一素材的入点。

█(钢笔工具)：主要用来调节素材的关键帧。

█(手形工具)：主要用来改变序列窗口的可视区域，在编辑较长素材时方便观察。

提示：在 Premiere Pro CS6 中，█(手形工具)几乎不使用，用户将光标移到序列窗口中的滑块上，按住鼠标左键不放，即可改变序列窗口的可视区域，如图 2.29 所示。

█(缩放工具)：主要用来调节序列窗口中显示的时间单位。单击█(缩放工具)将光标移到序列窗口中，光标变成█图标，单击鼠标左键，放大时间单位显示。如果按住键盘上的"Alt"键不放，光标变成█图标，单击鼠标左键，缩小时间单位显示。

提示：在 Premiere Pro CS6 中，🔍(缩放工具)几乎不使用，用户将光标移到序列窗口中滑块两端的■图标上，光标变成⤡形态，如图 2.30 所示。此时，按住鼠标左键不放，进行左右移动即可缩放时间单位。使用🔍(缩放工具)只是放大和缩小序列窗口中时间单位的显示，跟实际生活中的放大镜的作用一样，不改变实际时间单位的大小。

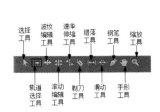

图 2.28   图 2.29   图 2.30

视频播放：Premiere Pro CS6 工具的详细介绍，请观看配套视频 "Premiere Pro CS6 工具.wmv"。

3．定制工作界面和快捷键

在 Premiere Pro CS6 中，允许用户随意调节工作界面的状态，以满足用户的工作习惯。

1) 改变界面布局

当光标移到不同面板窗口或面板之间的垂直或水平分隔条处时，光标将变成▮▮或▬▬形态，此时，按住鼠标左键左右或上下移动鼠标，即可改变界面布局。

2) 调节界面的明暗度

如果长时间在高亮度的界面下工作，会对眼睛有伤害。此时，可以通过调节界面的明暗度降低界面的亮度。界面明暗度调节的具体方法如下。

步骤 1：在菜单栏中单击 编辑(E) → 首选项(N) → 界面(P)... 命令，弹出【首选项】对话框，如图 2.31 所示。

步骤 2：将光标移到▮(滑块)上，按住鼠标左键左右移动，即可改变界面的明暗度。完成之后单击 确定 按钮即可。

提示：如果对调节的界面明暗度不满意，只要单击 默认 按钮，系统即可恢复默认状态。

3) 功能面板布局的调节

将光标移到功能面板的标签上按住鼠标左键进行拖曳，即可调节工作界面中功能面板的位置。用户也可以将功能面板拖曳出来形成浮动面板，放置在工作界面的任意位置。

4) 切换和新建工作界面

在 Premiere Pro CS6 中，预设了 Editing、元数据记录、效果、未命名工作区、编辑、编辑(CS5.5)、色彩校正和音频 8 种工作界面。用户可以在这 8 种工作界面之间进行切换。具体操作方法如下。

【参考视频】

步骤 1：在菜单栏中单击 窗口(W) → 工作区(W) 命令，弹出如图 2.32 所示的二级子菜单。

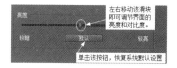

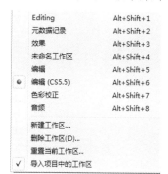

图 2.31　　　　　　　　　　　　　图 2.32

步骤 2：将光标移到二级子菜单中的任意一个需要切换的工作界面的命令上单击即可。

在 Premiere Pro CS6 中，不仅可以在各种工作界面之间进行切换，用户还可以自定义工作界面将其保存、调用、删除工作界面和重置当前工作区界面。新建工作界面具体操作方法如下：

步骤 1：根据自己的习惯调整工作界面的布局。

步骤 2：在菜单栏中单击 窗口(W) → 工作区(W) → 新建工作区... 命令，弹出【新建工作区】对话框，在该对话框中输入新建工作区的名字，如图 2.33 所示。

步骤 3：单击 确定 按钮即可创建一个新的工作界面，且创建的工作区名称被添加到工作区的子菜单中，如图 2.34 所示。

图 2.33　　　　　　　　　　　　　图 2.34

删除工作界面具体操作方法如下：

步骤 1：在菜单栏中单击 窗口(W) → 工作区(W) → 删除工作区(D)... 命令，弹出【删除工作区】对话框。

步骤 2：在【删除工作区】对话框中单击 ▼ 按钮，弹出下拉菜单，如图 2.35 所示。

步骤 3：在弹出的下拉菜单中，单选需要删除的工作界面图标选项，单击 确定 按钮即可。

提示：在删除工作界面时，当前所在的工作界面是无法删除的。如果要删除当前工作界面，需要切换到其他任意工作界面再执行"删除工作区(D)"命令即可。

如果将当前工作界面调节得比较混乱时，用户可以执行 窗口(W) → 工作区(W) → 重置当前工作区... 命令即可将工作区恢复到调节之前的工作界面。

图 2.35

5) 自定义快捷键

在 Premiere Pro CS6 中，允许用户根据自己的工作习惯自定义快捷键以提高工作效率。自定义快捷键的具体操作方法如下：

步骤 1： 在菜单栏中单击 编辑(E) → 键盘快捷方式(K)... 命令，弹出【键盘快捷键】对话框，如图 2.36 所示。

步骤 2： 在需要添加快捷键的命令名称的右边双击，如图 2.37 所示。

图 2.36

图 2.37

步骤 3： 在键盘上单击 "Shift+T" 组合键即可设置组合快捷键，如图 2.38 所示。

步骤 4： 单击 确定 按钮完成快捷键的设置。

提示： 如果所定义的快捷键已被其他命令使用，会在【键盘快捷键】对话框左下角出现一段提示语，提示该命令被哪一个命令使用，如图 2.39 所示。

提示： 如果在自定义快捷键操作中有误，单击 重做 命令即可重新定义快捷键。如果需要删除某一个命令的快捷键，在【键盘快捷键】对话框中单选需要删除的快捷键，单击 清除 命令即可清除选择的快捷键。

视频播放：定制工作界面和快捷键的详细介绍，请观看配套视频"定制工作界面和快捷键.wmv"。

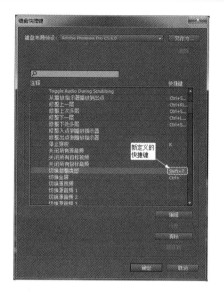

图 2.38

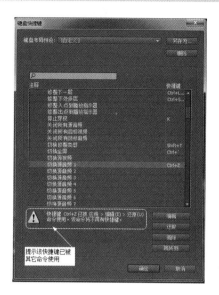

图 2.39

4. 三点编辑与四点编辑

"三点编辑"和"四点编辑"是影视后期制作的专业术语。所谓三点编辑是指确定素材的入点、出点和被插入素材轨道的入点，将其素材插入。所谓四点编辑是指确定素材的入点、出点、被插入素材轨道的入点和被插入素材轨道的出点，将其素材插入。读者不要被这些专业术语所吓倒，它们其实很简单。按下面的步骤做完即可明白"三点编辑"和"四点编辑"是怎么回事。

1) 四点编辑

步骤 1：导入素材，如图 2.40 所示。

步骤 2：在【项目】窗口中双击"MOV07445.MPG"文件，使该视频在【素材监视】窗口中显示。

步骤 3：单击【素材监视】窗口下面的▶(播放-停止切换)按钮或按键盘上的"空格键"进行播放预览。当画面播放到需要插入视频轨道中的素材画面时，单击【素材监视】窗口下面的■(播放-停止切换)按钮或按键盘上的"空格键"停止播放。

步骤 4：单击▮(标记入点)按钮或按键盘上的"I"键，确定需要插入素材的入点位置，如图 2.41 所示。

步骤 5：单击【素材监视】窗口下面的▶(播放-停止切换)按钮或按键盘上的"空格键"进行播放预览。当画面播放到确定为素材画面的出点位置时，单击【素材监视】窗口下面的■(播放-停止切换)按钮或按键盘上的"空格键"停止播放。

步骤 6：单击▮(标记出点)按钮或按键盘上的"O"键，确定需要插入素材的出点位置，如图 2.42 所示。

【参考视频】

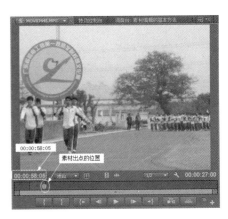

图 2.40   图 2.41   图 2.42

步骤 7：在【序列】窗口中将"时间指示器"移到第 0 秒 0 帧的位置，单击键盘上的"I"设置视频轨道的入点位置，如图 2.43 所示。

步骤 8：在【序列】窗口中单击时间显示码，此时，时间码呈高亮显示，如图 2.44 所示。

步骤 9：在时间码中输入"00：00：26：00"，按"Enter"键，"时间指示器"跳转到第 26 秒 0 帧的位置，按键盘上的"O"设置视频轨道中的出点，如图 2.45 所示。

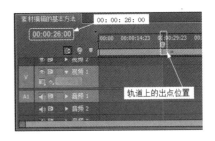

图 2.43   图 2.44   图 2.45

步骤 10：单选需要插入素材的轨道。在这里单选"视频 1"轨道即可。

步骤 11：单击 ![插入] (插入)按钮，弹出【适配素材】对话框，具体设置如图 2.46 所示。

步骤 12：单击 ![确定] 按钮即可将素材插入到视频轨道中，如图 2.47 所示。

提示：如果素材的长度与【序列】窗口中设置的长度相等，则不会弹出【适配素材】对话框，在这里插入素材的长度与【序列】窗口中设置的长度不相等，才弹出【适配素材】对话框，由用户确定使用哪一种方式插入。

2) 三点编辑

三点编辑的操作方法比四点编辑的方法简单，它比四点编辑少了一个轨道的出点设置。在此就不再详细介绍。具体操作请读者观看视频。

使用四点编辑或三点编辑继续剪辑三段素材插入视频 1 轨道中，如图 2.48 所示。

图 2.46

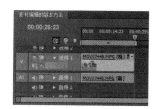
图 2.47

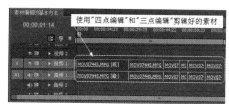
图 2.48

　　视频播放： 三点编辑与四点编辑的详细介绍，请观看配套视频"三点编辑与四点编辑.wmv"。

　　5．编辑视频轨道中的素材

　　1）取消素材中视频与音频的关联

　　步骤 1： 将光标移到【序列】窗口中"视频 1"的第一段素材上，单击鼠标右键，在弹出的快捷菜单中单击 解除视音频链接 命令，即可取消视频与音频的关联。

　　步骤 2： 单选解除关联之后的音频。按键盘上的"Delete"键即可删除单选的音频，如图 2.49 所示。

　　步骤 3： 方法同上。取消其他几段素材视频与音频之间的关联并删除音频，最终效果如图 2.50 所示。

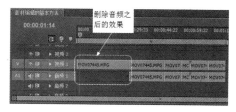

图 2.49　　　　　　　　　　　　　　　　图 2.50

　　提示： 如果需要解除多段素材中的视频与音频之间的关联，可以先选中多段素材，将光标移到任意选中的一段素材上，单击鼠标右键，弹出快捷菜单，在弹出的快捷菜单中单击 解除视音频链接 命令即可取消视频与音频的关联。

　　2）调节视频画面的大小

　　从预览效果可以看出，视频与新建的项目尺寸有一点不符合，需要调节视频画面的大小来匹配项目大小。具体操作方法如下。

　　步骤 1： 在"视频 1"轨道中单选第一段素材。

　　步骤 2： 单击 特效控制台 功能面板图标，切换到【特效控制台】功能面板，设置视频的"缩放"参数，具体设置如图 2.51 所示。调节之后，视频画面充满整个画面，如图 2.52 所示。

　　步骤 3： 方法同上。对其他几段素材进行画面大小调节。

　　3）添加音频并进行编辑

　　步骤 1： 将光标移到【项目】窗口中的"运动员进行曲.mp3"音频素材，按住鼠标左键拖曳到"音频 1"轨道中的第 0 帧位置，松开鼠标左键即可，如图 2.53 所示。

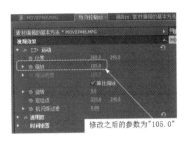

图 2.51   图 2.52   图 2.53

步骤 2：将"时间指示器"移到"视频 1"中最后一段素材的出点位置。

步骤 3：单击剃刀工具工具，将光标移到"音频 1"轨道中的"时间指示器"所在的位置上单击，即可将音频分割成两段素材。

步骤 4：单选后面一段音频素材，按键盘上的"Delete"键将其删除，最终效果如图 2.54 所示。

4) 给"视频 1"轨道中的素材添加过渡效果

步骤 1：将"时间指示器"移到两段素材相邻的位置处，如图 2.55 所示。

步骤 2：按键盘上的"Ctrl+D"组合键添加默认的标准交叉叠化切换效果，如图 2.56 所示。

步骤 3：方法同上。给其他两段视频素材之间添加过渡效果，最终效果如图 2.57 所示。

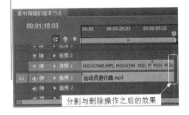
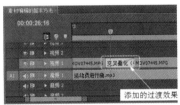
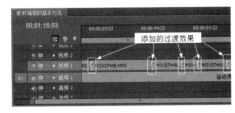

图 2.55   图 2.56   图 2.57

步骤 4：制作完毕，输出最终节目效果。

> **视频播放**：编辑视频轨道中的素材的详细介绍，请观看配套视频"编辑视频轨道中的素材.wmv"。

2.2.4　举一反三

根据所学知识，使用四点编辑和三点编辑，结合实际情况，剪辑一个运动会的视频文件。

2.3　创建运动视频

2.3.1　影片预览

影片在本书提供的配套素材中的"第 2 章 后期剪辑基础操作/最终效果/2.3 创建运动视频.flv"文件中。通过观看影片了解本案例的最终效果。本案例主要介绍运动视频制作的方法与技巧。通过该案例的学习，可熟练掌握运动视频制作的方法与技巧。

【参考视频】

2.3.2　本案例画面及制作步骤(流程)分析

案例部分画面效果如下:

案例制作的大致步骤:

创建新项目和导入素材 → 将素材添加到视频轨道中 → 制作运动视频效果 → 添加音频文件、图片和调节透明度

2.3.3　详细操作步骤

案例引入:

(1) 什么叫做关键帧?怎样创建关键帧?

(2) 什么叫做运动视频?

(3) 怎样创建运动视频?

(4) 怎样制作渐变效果?

1.　创建新项目和导入素材

步骤 1: 启动 Premiere Pro CS6,创建一个名为"创建运动视频.prproj"的项目文件。

步骤 2: 根据项目要求导入如图 2.58 所示的素材。

视频播放: 创建新项目的详细介绍,请观看配套视频"创建新项目.wmv"。

2.　将素材添加到视频轨道中

步骤 1: 将"时间指示器"移到第 0 帧的位置。

步骤 2: 在【节目库】中双击"MOV07461.MPG"文件,在【素材源监视器】窗口中显示该素材。

步骤 3: 设置素材的入点和出点。素材的长度为 26 秒,如图 2.59 所示。

步骤 4: 将入点与出点之间的素材拖曳到"视频 1"轨道中,如图 2.60 所示。

步骤 5: 取消素材中视频与音频之间的关联,将其音频删除,最终效果如图 2.61 所示。

步骤 6: 方法同上。在其他三段素材中剪辑 26 秒的素材长度,分别拖曳到"视频 2"、"视频 3"和"视频 4"轨道中,如图 2.62 所示。

【参考视频】

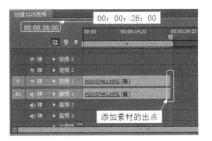

| 图 2.58 | 图 2.59 | 图 2.60 |

提示：在添加素材时，如果【节目库】窗口中的视频轨道不够，按住鼠标左键将素材拖曳到最上层视频轨道的空白处，此时光标出现一个 图标，如图 2.63 所示。松开鼠标左键即可创建一个新的轨道并将素材添加到该轨道中。

视频播放：将素材添加到视频轨道中的详细介绍，请观看配套视频"**将素材添加到视频轨道中.wmv**"。

| 图 2.61 | 图 2.62 | 图 2.63 |

3. 制作运动视频效果

运动视频效果的制作主要是使用关键帧配合【特效控制台】中的运动参数调节来实现。具体操作如下。

步骤 1：将"时间指示器"移到第 0 帧的位置。

步骤 2：单选"视频 4"轨道中的视频素材。在【特效控制台】中分别单击"位置""缩放"和"旋转"前面的 (切换动画)按钮，即可创建关键帧，如图 2.64 所示。

步骤 3：将"时间指示器"移到第 12 秒 0 帧的位置。在【特效控制台】中分别调节"位置""缩放"和"旋转"的参数，系统自动添加关键帧，具体参数调节和添加的关键帧如图 2.65 所示。

步骤 4：将"时间指示器"移到第 0 帧的位置。在【特效控制台】中分别给"视频 3""视频 2"和"视频 1"中素材的"位置""缩放"和"旋转"参数添加关键帧。

【参考视频】

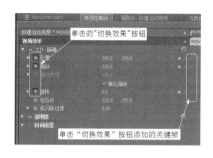

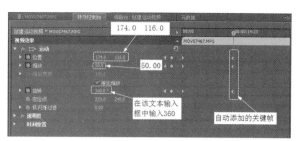

图 2.64   图 2.65

步骤 5：将"时间指示器"移到第 12 秒 0 帧的位置。单选"视频 3"轨道中的素材，在【特效控制台】中分别设置"位置""缩放"和"旋转"参数，具体设置如图 2.66 所示。此时，系统自动添加关键帧。

步骤 6：单选"视频 1"轨道中的素材，在【特效控制台】中分别设置"位置""缩放"和"旋转"参数，具体设置如图 2.67 所示。

步骤 7：在【特效控制台】中分别设置"位置""缩放"和"旋转"参数，具体设置如图 2.68 所示。

视频播放：制作运动视频效果的详细介绍，请观看配套视频"制作运动视频效果.wmv"。

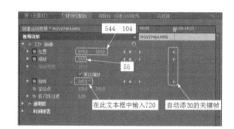

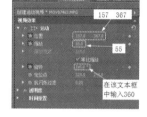

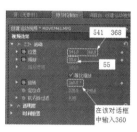

图 2.66   图 2.67   图 2.68

4. 添加音频文件、图片和调节透明度

步骤 1：将"放飞梦想.mp3"音频文件拖曳到"音频 1"轨道中，如图 2.69 所示。

步骤 2：将"时间指示器"移到第 26 秒 0 帧的位置。单击 （剃刀工具)按钮，在"音频 1"轨道中的第 26 秒 0 帧的位置处单击，将音频分割成两段素材，删除第二段素材，如图 2.70 所示。

步骤 3：将"时间指示器"移到第 12 秒 0 帧的位置。将【项目库】中的"校运会及校园文化周.psd"图片拖曳到【序列】窗口中的空白处，入点与"时间指示器"对齐，松开鼠标即可，如图 2.71 所示。

步骤 4：将光标移到"视频 5"轨道中素材的出点位置，此时，光标变成 形态，按住鼠标左键移动鼠标，素材的出点与其他素材的出点对齐，如图 2.72 所示。

步骤 5：将"时间指示器"移到第 12 秒 0 帧的位置，单选"视频 5"中的图片素材。

【参考视频】

在【特效控制台】中单击透明度右边的 （切换动画)按钮，添加关键帧，并设置"透明度"参数的值为"0%"。

图 2.69

图 2.70

图 2.71

步骤 6： 分别在第 15 秒 0 帧、第 24 秒 0 帧和第 26 秒 0 帧调节"透明度"参数，分别为"100%""100%"和"0%"，如图 2.73 所示。

图 2.72

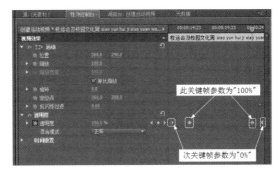
图 2.73

步骤 7： 输出最终文件。

视频播放： 添加音频文件、图片和调节透明度的详细介绍，请观看配套视频"添加音频文件、图片和调节透明度.wmv"。

2.3.4 举一反三

根据所学知识，制作如下运动视频效果，视频请观看"创建运动视频(举一反三).flv"。

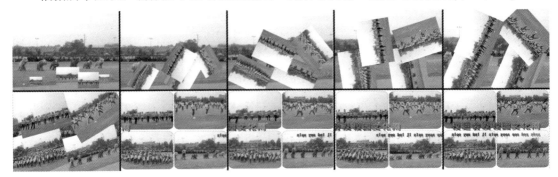

[参考视频]

2.4　嵌套序列的使用方法

2.4.1　影片预览

影片在本书提供的配套素材中的"第 2 章 后期剪辑基础操作/最终效果/2.4 嵌套序列的使用方法.flv"文件中。通过观看影片了解本案例的最终效果。本案例主要介绍嵌套序列的制作原理和方法。通过该案例的学习，使学生熟练掌握嵌套序列的原理和方法。

2.4.2　本案例画面及制作步骤(流程)分析

案例部分画面效果如下：

案例制作的大致步骤：

创建新项目和导入素材　➡　制作嵌套文件　➡　进行序列文件嵌套

2.4.3　详细操作步骤

案例引入：

(1) 什么是序列嵌套？

(2) 序列嵌套的原理。

(3) 制作序列嵌套的方法与技巧？

(4) 怎样设置圆形化像视频切换效果的参数？

(5) 序列文件是否可以相互嵌套？

(6) 序列文件是否可以层层嵌套？

1. 创建新项目和导入素材

步骤 1： 启动 Premiere Pro CS6，创建一个名为"嵌套序列的使用方法.prproj"的项目文件。

步骤 2： 导入如图 2.74 所示的素材文件。

> **视频播放：** 创建新项目和导入素材的详细介绍，请观看配套视频"创建新项目和导入素材.wmv"。

2. 制作嵌套文件

所谓序列嵌套是指将一个序列作为一个视频素材放置到另一序列的视频轨道中进行使用。在 Premiere Pro CS6 中允许序列层层嵌套，但不允许相互之间进行嵌套。下面制作两个序列文件。

1) 制作嵌套"序列 01"

步骤 1：在菜单栏中单击 文件(F) → 新建(N) → 序列(S)... 命令或按键盘上的"Ctrl+N"组合键。弹出【新建序列】对话框，具体设置如图 2.75 所示。

步骤 2：单击 确定 按钮即可创建一个新的序列文件，如图 2.76 所示。

图 2.74　　　　　图 2.75　　　　　图 2.76

步骤 3：在【项目库】中双击"MOV07455.MPG"视频素材，使其在【节目监视器】中显示该素材。

步骤 4：在【素材监视器】中的第 3 秒 0 帧的位置标记素材的入点。在素材的第 13 秒 0 帧的位置标记素材的出点，素材中的总长度为 10 秒，如图 2.77 所示。

步骤 5：将标记好的素材拖曳到【序列 01】中的"视频 1"轨道中，如图 2.78 所示。

步骤 6：取消视频与音频之间的关联，将其音频删除，如图 2.79 所示。

图 2.77　　　　　图 2.78　　　　　图 2.79

步骤 7：将"圆划像"视频切换效果拖曳到"视频 1"轨道中的素材的入点位置。在【特效控制台】中设置添加的视频切换效果的参数，具体设置如图 2.80 所示。【序列 01】窗口的效果如图 2.81 所示。在【节目监视器】窗口的效果如图 2.82 所示。

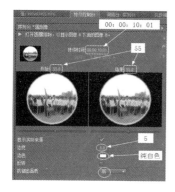  

图 2.80　　　　　　　　　　　图 2.81　　　　　　　　　　　图 2.82

2）制作嵌套"序列 02"

方法同上。使用"MOV07458.MPG"素材文件，制作嵌套"序列 02"，最终效果如图 2.83 所示。

视频播放：制作嵌套文件的详细介绍，请观看配套视频"制作嵌套文件.wmv"。

3．进行序列文件嵌套

在前面已经制作了两个用来嵌套的序列文件，下面将这两个文件嵌套到【嵌套序列的使用方法】序列文件中。

步骤 1：在【项目库】中双击"MOV07449.MPG"素材文件，使其在【素材监视器】窗口中显示该文件。

步骤 2：在【素材监视器】窗口中的第 18 秒 0 帧的位置标记素材的入点。在素材的第 28 秒 0 帧的位置标记素材的出点。素材的总长度为 10 秒。

步骤 3：在【序列】窗口中单击"嵌套序列的使用方法"序列标题，使该序列为当前序列。将设置好标记的素材拖曳到序列中的"视频 1"轨道中，如图 2.84 所示。

步骤 4：将【项目库】中的"序列 01"和"序列 02"分别拖曳到"视频 2"和"视频 3"视频轨道中，如图 2.85 所示。

图 2.83　　　　　　　　　　　图 2.84　　　　　　　　　　　图 2.85

【参考视频】

步骤5： 单选"视频3"轨道中的序列文件，在【特效控制台】中设置参数，具体设置如图 2.86 所示。

步骤6： 单选"视频2"轨道中的序列文件，在【特效控制台】中设置参数，具体设置如图 2.87 所示。在【节目监视器】窗口中的效果如图 2.88 所示。

 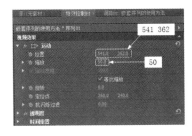 

图 2.86　　　　　　　图 2.87　　　　　　　图 2.88

步骤7： 在【项目库】中双击"国歌.mp3"素材。使其在【素材监视器】窗口中显示。

步骤8： 在【素材监视器】窗口中标记音频的入点和出点，使其总长度为 10 秒。将其插入"音频1"轨道中即可。

步骤9： 输出项目文件。

视频播放： 进行序列文件嵌套的详细介绍，请观看配套视频"进行序列文件嵌套.wmv"。

2.4.4　举一反三

根据所学知识，使用所学知识制作如下运动视频效果。视频请观看"嵌套序列的使用方法(举一反三).flv"。

2.5　导入多格式素材

2.5.1　影片预览

影片在本书提供的配套素材中的"第2章 后期剪辑基础操作/最终效果/2.5 导入多格式素材.flv"文件中。通过观看影片了解本案例的最终效果。本案例主要介绍在 Premiere Pro CS6 中怎样导入各种素材文件的方法及技巧。

【参考视频】

2.5.2　本案例画面及制作步骤(流程)分析

案例部分画面效果如下:

案例制作的大致步骤:

| 创建新节目和导入素材文件的几种途径 | ➡ | 介绍Premiere Pro CS6支持的文件格式 | ➡ | 各种素材格式的导入方法和精彩瞬间的制作 |

2.5.3　详细操作步骤

案例引入:

(1) Premiere Pro CS6 支持的素材文件格式有哪些?

(2) 导入素材文件有哪几种方法?

(3) 在 Premiere Pro CS6 中是否支持导入文件夹的素材文件?

(4) 怎样导入带通道的素材文件?

(5) 序列文件是否可以相互嵌套?

(6) 怎样导入序列图片文件?

1.　创建新项目

启动 Premiere Pro CS6,创建一个名为"导入多格式素材.prproj"的项目文件。

视频播放: 创建新项目的详细介绍,请观看配套视频"创建新项目.wmv"。

2.　导入素材的方法

在 Premiere Pro CS6 中,素材导入的方法主要有如下 4 种。

1) 通过菜单栏导入素材

步骤 1: 在菜单栏中单击 文件(F)→ 导入(I)… 命令,弹出【导入】对话框。

步骤 2: 根据项目要求,选择需要导入的素材,单击 打开(O) 按钮即可。

2) 通过快捷键导入素材

步骤 1: 按键盘上的"Ctrl+I"组合键,弹出【导入】对话框。

步骤 2: 根据项目要求,选择需要导入的素材,单击 打开(O) 按钮即可。

3) 通过【媒体浏览】功能面板导入素材

步骤 1: 单击 媒体浏览 功能面板图标,切换到【媒体浏览】功能面板。

步骤 2: 在【媒体浏览】功能面板中浏览并选择需要导入的素材文件,如图 2.89 所示。

步骤 3: 将光标移到选择素材的任意一个图标上,按住鼠标左键拖曳到【节目】窗口,

光标变成 形态，松开鼠标左键即可，如图 2.90 所示。

4) 通过双击鼠标左键导入素材

步骤 1：将光标移到【节目】窗口中的任意空白处双击，弹出【导入】对话框。

步骤 2：根据项目要求，选择需要导入的素材，单击 打开(O) 按钮即可。

提示：以上 4 种导入素材的方法，如果导入的素材中包含有带通道信息的文件时，都会弹出【导入分层文件】的设置对话框，用户根据项目要求设置参数，单击 确定 按钮即可如图 2.91 所示。

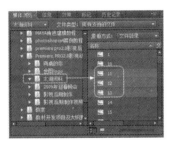 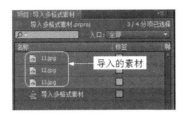 

图 2.89   图 2.90   图 2.91

视频播放：导入素材的方法的详细介绍，请观看配套视频"导入素材的方法.wmv"。

3. Premiere Pro CS6 支持的文件格式

Premiere Pro CS6 支持的文件格式与以前版本相比有很大的改进。Premiere Pro CS6 支持大部分流行的素材文件格式，下面分别介绍一些主要的视频、图片和音频文件的格式。

在导入素材文件时，弹出【导入】对话框，将光标移到 所有可支持媒体 上面，单击鼠标左键，弹出一个快捷面板，如图 2.92 所示。在该快捷面板中显示了所有 Premiere Pro CS6 支持的文件格式。

1) 视频文件格式

常用的视频文件格式主要有*.avi、*.flv、*.swf、*.MPEG、*.ASP、*.WMA 和*.WMV 等。

2) 图片文件格式

常用的图片文件格式主要有*.PNG、*.JPG、*.TIF、*.BMP、*.PSD 和*.JPEG 等。

3) 音频文件格式

常用的音频文件格式主要有*.mp3、*.WAV、*.AIFF、*.MPEG 和*.MPG 等。

视频播放：Premiere Pro CS6 支持的文件格式的详细介绍，请观看配套视频"Premiere Pro CS6 支持的文件格式.wmv"。

4. 各种格式素材的导入方法

1) 导入带通道信息的素材文件

带通道信息的素材文件主要有*.PSD 和*.TIF 图片文件。在这里以*.PSD 图片文件的导入为例。

【参考视频】   【参考视频】

步骤 1：按键盘上的"Ctrl+I"组合键，弹出【导入】对话框，在该对话框中单选"精彩瞬间.psd"图片文件。

步骤 2：单击 打开(O) 按钮，弹出【导入分层文件】对话框，根据项目要求设置参数，具体设置如图 2.93 所示。

步骤 3：单击 确定 按钮，将带通道信息的素材导入【节目】窗口中，如图 2.94 所示。

图 2.92

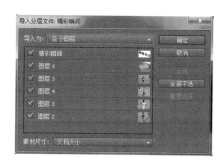

图 2.93

图 2.94

【导入分层文件】对话框介绍：

(1) 单击 导入为: 右边的 ▼ 按钮，弹出下拉菜单，如图 2.95 所示。主要包括"合并所有图层""合并图层""单层"和"序列"4 种导入方式。

① 单选"合并所有图层"选项，将导入的所有图层合并成一个图层导入【节目】窗口中。

② 单选"合并图层"选项，读者可以根据节目要求，将选择的图层合并导入【节目】窗口中。

③ 单选"单层"选项，将所有图层单独导入【节目】窗口中。

④ 单选"序列"选项，将所有图层以一个序列文件导入【节目】窗口中，自动创建一个文件夹和一个序列文件。

(2) 单击 素材尺寸: 右边的 ▼ 按钮，弹出的快捷菜单中包括"图层大小"和"文档大小"两个选项。

① 单选"图层大小"选项，导入的图片大小与原始图片所在图层的大小相等。

② 单选"文档大小"选项，导入的图片大小与导入图片的实际大小相等。

提示：只有在单选"单层"或"序列"选项时，素材尺寸的设置才有效。

2) 导入文件

在 Premiere Pro CS6 中，允许用户导入文件夹，方便用户一次性将文件夹中的所有素材导入【节目】窗口中。

步骤 1：按键盘上的"Ctrl+I"组合键，弹出【导入】对话框。

步骤 2：在【导入】对话框中单选需要导入的文件夹。单击 导入文件夹 按钮，将选择的文件和文件中所有的文件素材导入【节目】窗口中。

提示：在导入文件夹时，如果文件夹中还包含子文件，子文件夹将不被导入，但子文件中的素材文件则被正常导入。

3）导入图像序列

在动画输出时，一般情况以单帧的序列文件导出，再通过 Premiere 进行合成。在这里介绍怎样导入图像序列，具体导入方法如下。

步骤 1：在【节目】窗口的空白处双击鼠标左键，弹出【导入】对话框。

步骤 2：在【导入】对话框中单选序列素材的第 1 个文件，勾选 图像序列 选项，如图 2.96 所示。

步骤 3：单击 打开(O) 按钮即可将序列文件合成为一个序列视频文件，如图 2.97 所示。

 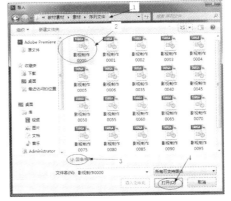 

| 图 2.95 | 图 2.96 | 图 2.97 |

提示：如果没有选择第 1 个图像序列文件，而是选择了"000.JPG"，同时勾选了 图像序列 选项，单击 打开(O) 按钮将图像序列素材导入【节目】窗口中，此时，导入的序列素材是从 000.JPG 开始到最后结束，之前的文件将不被导入。

视频播放：各种格式素材的导入方法的详细介绍，请观看配套视频"各种格式素材的导入方法.wmv"。

5．精彩瞬间

在这里利用前面导入的素材制作一个体育跑步的精彩瞬间展示。

1）将素材拖曳到视频轨道中

依次将素材拖曳到视频轨道中，并拉长至 10 秒，如图 2.98 所示。

2）给序列窗口中的素材调节动画

步骤 1：单选"视频 6"视频轨道中的素材，将"时间指示器"移到第 0 帧的位置，在【特效控制台】中设置参数，具体设置如图 2.99 所示。

【参考视频】

步骤 2：将"时间指示器"移到第 7 秒 0 帧的位置，在【特效控制台】中设置参数，具体设置如图 2.100 所示。

图 2.98

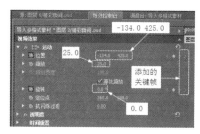

图 2.99

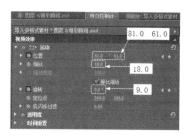

图 2.100

步骤 3：单选"视频 5"视频轨道中的素材，将"时间指示器"移到第 0 帧的位置，在【特效控制台】中设置参数，具体设置如图 2.101 所示。

步骤 4：将"时间指示器"移到第 7 秒 0 帧的位置，在【特效控制台】中设置参数，具体设置如图 2.102 所示。

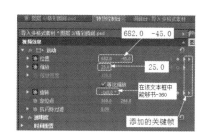

图 2.101

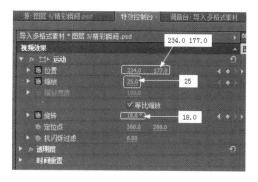

图 2.102

步骤 5：单选"视频 4"视频轨道中的素材，将"时间指示器"移到第 0 帧的位置，在【特效控制台】中设置参数，具体设置如图 2.103 所示。

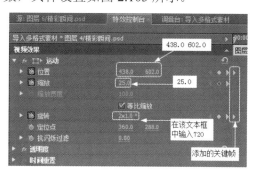

图 2.103

步骤 6：将"时间指示器"移到第 7 秒 0 帧的位置，在【特效控制台】中设置参数，具体设置如图 2.104 所示。

步骤 7：单选"视频 3"视频轨道中的素材，将"时间指示器"移到第 0 帧的位置，在【特效控制台】中设置参数，具体设置如图 2.105 所示。

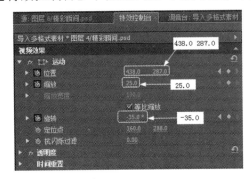
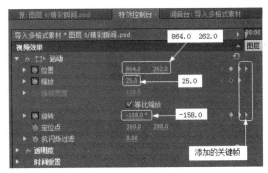

图 2.104　　　　　　　　　　　图 2.105

步骤 8：将"时间指示器"移到第 7 秒 0 帧的位置，在【特效控制台】中设置参数，具体设置如图 2.106 所示。

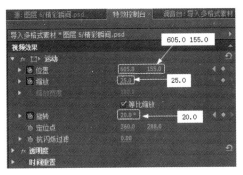

图 2.106

步骤 9：制作完毕，输出文件。

> **视频播放**：精彩瞬间的详细介绍，请观看配套视频"精彩瞬间.wmv"。

2.5.4　举一反三

根据所学知识，读者自己收集不同格式的文件素材，练习导入。

2.6　声画合成、输出与打包

2.6.1　影片预览

影片在本书提供的配套素材中的"第 2 章 后期剪辑基础操作/最终效果/2.6 声画合成、输出与打包.flv"文件中。通过观看影片了解本案例的最终效果。本案例主要介绍声画合成的方法与技巧、输出节目的相关设置、项目打包的相关设置。

【参考视频】

2.6.2　本案例画面及制作步骤(流程)分析

案例部分画面效果如下：

案例制作的大致步骤：

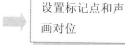

创建新项目和导入素材，并将
音频文件拖曳到音频轨道中 ➡ 设置标记点和声
画对位 ➡ 项目输出和素材
打包

2.6.3　详细操作步骤

案例引入：

(1) 怎样进行声画合成？

(2) 标记点有什么作用？标记点分哪几类？

(3) 怎样输出节目文件？节目输出的格式有哪些？

(4) 怎样给素材打包？为什么要给素材打包？

1.　创建新项目

启动 Premiere Pro CS6，创建一个名为"声画合成、输出与打包.prproj"的项目文件。

视频播放： 创建新项目的详细介绍，请观看配套视频"创建新项目.wmv"。

2.　导入素材并将音频文件拖曳到音频轨道中

步骤 1： 导入如图 2.107 所示的素材文件。

步骤 2： 将音频文件拖曳到"音频 1"轨道中，如图 2.108 所示。

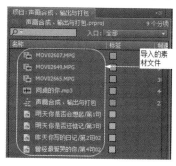

图 2.107

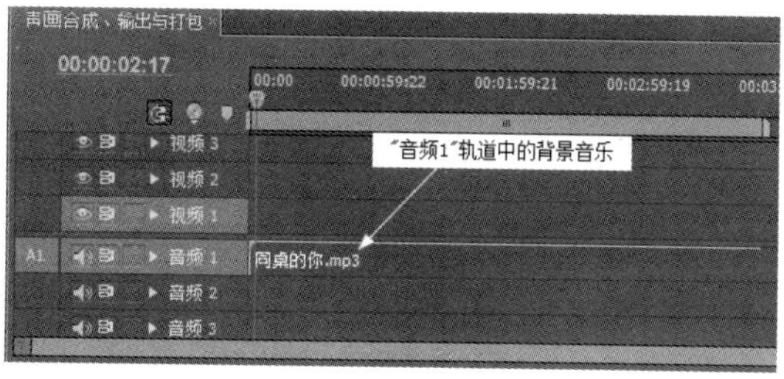

图 2.108

步骤 3： 按键盘上的"空格键"进行播放，当播放完第 4 句之后按"空格键"停止播放。

【参考视频】

步骤 4：使用 ✂(剃刀工具)将音频文件从"时间指示器"位置处将音频素材分割成 2 段，将后面一段素材删除，如图 2.109 所示。

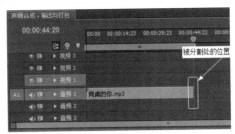

图 2.109

> **视频播放**：导入素材并将音频文件拖曳到音频轨道中的详细介绍，请观看配套视频"导入素材并将音频文件拖曳音频轨道中.wmv"。

3. 标记点的设置

在后期剪辑中，所谓声画合成是指将音频文件根据节目要求进行对位与合成。

标记点的主要作用是给素材指定位置和注释，方便用户通过编辑点快速查找和定位所需要的画面以及声画对位。它在后期剪辑中非常重要，使用频率较高。在 Premiere Pro CS6 中为标记单独列出了一个"标记"菜单。

声画合成的具体操作步骤如下。

步骤 1：单击"音频 1"轨道左边的 ▶(折叠-展开轨道)按钮，展开音频的波纹图标，如图 2.110 所示。从轨道的音频波纹图示中大致可以看出有 4 句唱词，即有人声的时间处，波形会更高、更密。

步骤 2：将光标移到"音频 1"轨道与"音频 2"轨道交界处，鼠标变成 ⇕ 形状，按住鼠标左键往下拖动，将"音频 1"轨道中的音频波纹图拉宽，这样使音频波纹图示显示得更加清晰，如图 2.111 所示。

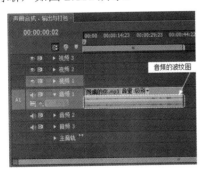

图 2.110

图 2.111

步骤 3：按"空格键"进行播放，在播放的同时可以按键盘的"M"键，在序列的时间标尺上添加标记。在唱到第 1 句、第 2 句、第 3 句和第 4 句刚开始的位置依次按一下"M"键，"时间标尺"上添加 4 个标记点，如图 2.112 所示。

【参考视频】

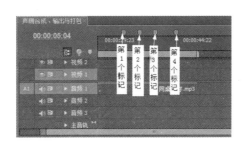

图 2.112

视频播放： 标记点的设置的详细介绍，请观看配套视频"标记点的设置.wmv"。

4．声画对位

在"时间标尺"上已经添加了标记点，对需要添加什么样的画面，将这些画面添加到什么地方，需要多长时间的素材等问题就非常清晰了。下面给添加了标记点的 5 部分添加对应的画面。

步骤 1： 将素材拖曳到"视频 1"轨道中，如图 2.113 所示。

步骤 2： 将光标移到"时间标尺"上，单击鼠标右键，在弹出的快捷菜单中单击到下一标记命令，使"时间指示器"跳到第一个标记点的位置。

步骤 3： 将光标移到第 2 段素材的出点位置，按住鼠标左键向左移动，当与第一个标记点对齐时，如图 2.114 所示，松开鼠标左键即可将多余的素材剪掉。

图 2.113

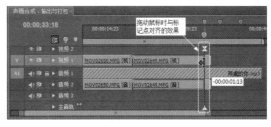

图 2.114

步骤 4： 方法同上。将其他素材拖曳到"视频 1"轨道中，如图 2.115 所示。

步骤 5： 取消视频素材中视频与音频之间的关联并删除音频，如图 2.116 所示。

图 2.115

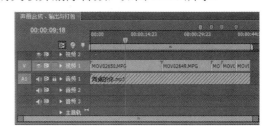

图 2.116

49

【参考视频】

步骤6：将字幕拖曳到"视频2"轨道中，并根据标记点与背景音乐对位，如图2.117所示。

图 2.117

视频播放：声画对位的详细介绍，请观看配套视频"声画对位.wmv"。

5. 项目输出

在 Premiere Pro CS6 中，可以将编辑好的项目输出为视频、音频、图片和字幕，直接输出刻录 DVD 或录制成磁带等。各种类型的输出方法如下。

1) 输出项目

步骤1：在菜单栏中单击 文件(F) → 导出(E) → 媒体(M)... 命令，弹出【导出设置】对话框，根据项目要求设置【导出设置】对话框。

步骤2：具体设置如图2.118所示。单击 导出 按钮即可导出。

图 2.118

2)【导出设置】对话框的参数介绍

(1) 源范围：主要用来设置项目输出的范围，输出范围主要包括"整个序列""序列切入/序列切出""工作区域"和"自定"4种方式。如果单选"整个序列"项，对整个序列进行输出；如果单选"工作区域"项，只输出工作区域内的视频和音频；如果单选"自定"，则根据用户的定义范围输出；如果单选"序列切入/序列切出"项，只输出序列的切入与切出之间的范围。

【参考视频】

（2）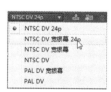 与序列设置匹配：勾选此项，"格式""预设"和"注视"的选项将成为灰色显示，完全与创建的序列匹配输出。

（3）格式：单击格式右边的▼按钮，弹出如图 2.119 所示的下拉菜单。在下拉菜单中提供了所有视频、音频和图片格式，可以根据项目要求进行选择。

（4）预设：单击预设右边的▼按钮，弹出如图 2.120 所示的下拉菜单。该菜单为用户提供了 2 种媒体制式。

（5）注释:/输出名称:：主要用来为输出文件进行提示说明/设置输出文件的名称。

（6）导出视频/导出音频：勾选导出视频/导出音频选项，则输出导出视频/导出音频。如果同时勾选则输出视频和音频的合成文件。

（7）视频编解码器：单击视频编解码器右边的▼按钮，弹出如图 2.121 所示的下拉菜单。在该菜单中提供了 9 种解码方式。

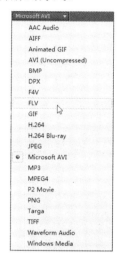

图 2.119　　　　图 2.120　　　　图 2.121

视频播放：项目输出的详细介绍，请观看配套视频"项目输出.wmv"。

6. 素材打包

素材打包的目的是将制作项目时用到的所有素材从各自的文件夹中拷贝到统一的文件夹下，方便用户进行管理，防止文件丢失。

1）素材打包的方法

步骤 1：在菜单栏中单击 项目(P) → 项目管理(M)... 命令，弹出【项目管理】对话框。

步骤 2：根据项目要求，设置【项目管理】对话框，具体设置如图 2.122 所示。单击确定按钮，完成素材打包，如图 2.123 所示。将素材文件从不同文件夹导入的素材拷贝到同一个文件夹中。

2）【项目管理】对话框参数说明

（1）素材源：主要用来确定对哪个序列窗口中的素材进行打包。

（2）生成项目：主要包括新建修整项目和收集文件并复制到新的位置两个选项。如果单选新建修整项目项，则系统重

51

【参考视频】

新创建一个新项目，将素材拷贝到该项目中；如果单选 收集文件并复制到新的位置 项，则打包后所有的素材文件将被放在同一个文件夹中，并且文件是以"已复制_"开头再加上项目文件名的命名方式命名。

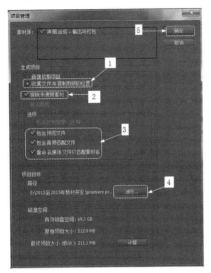

图 2.122

图 2.123

(3) 排除未使用素材：勾选此项，在序列窗口中没有使用的素材将被排除不进行复制。

(4) 选项：主要用来确定对哪些素材进行打包。

(5) 路径：主要用来确定打包文件的保存位置。

(6) 磁盘空间：主要用来显示磁盘的空间和节目文件的相关信息。

> **视频播放**：素材打包的详细介绍，请观看配套视频"素材打包.wmv"。

2.6.4 举一反三

根据所学知识，自拟题目，收集素材，制作一个 2～5 分钟左右的节目文件，对制作好的节目文件进行输出和打包。例如：产品介绍、校运会、各种晚会或 MTV 等。

【参考视频】

第3章

丰富的视频转场特效

技能点

1. 视频切换效果的基础知识
2. 人物过渡
3. 创建卷页画册
4. 制作卷轴画效果
5. 3D 转场效果的制作
6. 其他视频切换效果介绍

说 明

本章主要通过 6 个案例来介绍视频转场效果的创建、参数设置和转场效果的作用。读者要重点掌握视频转场的参数调节方法和转场效果的灵活应用。

本章主要通过 6 个案例来介绍视频切换效果的作用、创建方法和参数调节。在学习本章案例之前，先了解切换效果、硬切和软切的概念。

切换效果也称为转场，主要用来处理一个场景转到另一场景的过渡。

切换分为硬切和软切两种。硬切是指在一个场景完成后接着另一个场景，中间没有任何转场效果。软切是相对硬切而言的，是指在一个场景完成后运用某一种转场特效过渡到下一个场景，从而使转场变得自然流畅并能够表达用户的创作意图。

3.1 视频切换效果的基础知识

3.1.1 影片预览

影片在本书提供的配套素材中的"第 3 章 丰富的视频转场特效/最终效果/3.1 视频切换效果的基础知识.flv"文件中。通过观看影片了解本案例的最终效果。本案例主要介绍视频切换效果的作用、使用方法和视频切换效果的分类以及各类切换效果的作用。

3.1.2 本案例画面及制作步骤(流程)分析

案例部分画面效果如下：

案例制作的大致步骤：

3.1.3 详细操作步骤

案例引入：

(1) 什么叫做视频切换效果？

(2) 视频切换效果有什么作用？

(3) 怎样添加视频切换效果？

(4) 视频切换效果主要应用在哪些场合？

(5) 切换效果分为哪几大类？

(6) 怎样调节切换效果的参数？

1. 创建新项目和导入素材

步骤 1：启动 Premiere Pro CS6 软件，创建一个名为"视频切换效果的基础知识"的项目文件。

步骤 2：利用前面所学知识导入如图 3.1 所示的素材。

视频播放：创建新项目和导入素材的详细介绍，请观看配套视频"创建新项目和导入素材.wmv"。

2. 视频切换效果的作用

在 Premiere Pro CS6 中，为用户提供了 10 大类视频切换(转场)效果，基本上可以满足用户后期剪辑的创意要求。

在电视新闻节目中，一般情况下不添加视频切换(转场)效果，直接使用硬切来实现场景(镜头)之间的转场，目的是避免分散观众的注意力；而影视作品通过添加转场效果，体现作品的独特风格，丰富或强化作品的视觉效果。

在一些文艺节目或广告类节目中，有时会添加一些切换效果来强化和突出某些信息和作者的创作意图。

在添加视频切换效果时，要根据场景(镜头)的氛围以及上下场景(镜头)画面元素之间的关系适当添加，使画面过渡更加流畅自然或强化上下场景(镜头)的转换目的，不能盲目地添加视频切换效果。

视频播放：视频切换效果的作用的详细介绍，请观看配套视频"视频切换效果的作用.wmv"。

3. 视频切换效果的添加

在 Premiere Pro CS6 中，可以在一段素材的入点或出点添加视频转场效果，也可以在前一段素材的出点与下一段素材的入点之间添加切换效果。

在 Premiere Pro CS6 中，允许用户同时给多段素材添加视频切换效果。

1) 在两段素材之间添加视频切换效果

在两段素材之间添加视频切换效果时，必须确保两段素材在同一视频轨道中，且它们之间没有空隙，添加的视频切换效果才起作用。添加视频切换效果之后，在【特效控制台】功能面板中设置视频切换效果的参数即可。

步骤 1：将视频素材添加到"视频 1"轨道中，如图 3.2 所示。

提示：在往序列窗口中添加素材时，如果将光标移到【素材源】窗口下面的▣(仅拖动视频)按钮上，光标变成▣形态，此时，按住鼠标左键拖曳到视频轨道上，松开鼠标左键，则只将素材的视频拖曳到视频轨道中；如果将光标移到【素材源】窗口下面的╫(仅拖动音频)按钮上，光标变成▣形态，此时，按住鼠标左键拖曳到音频轨道上，松开鼠标左键，则只将素材的音频拖曳到音频轨道中。

步骤 2：添加视频切换(转场)效果。在这里以添加一个 ▣互换 视频切换效果为例。在【效果】功能面板中展开视频切换效果文件夹，找到 ▣互换 视频切换效果所在的位置，如图 3.3 所示。

【参考视频】　　【参考视频】

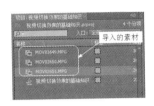

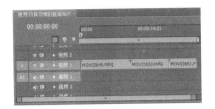

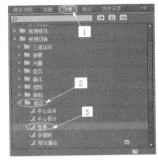

图 3.1　　　　　　　　　图 3.2　　　　　　　　　图 3.3

　　步骤 3：将光标移到 █ 互换 视频切换效果上，按住鼠标左键拖曳到"视频 1"轨道中需要添加视频切换效果的位置，光标变成 ▣ 形态，如图 3.4 所示。松开鼠标即可完成视频切换效果的添加，如图 3.5 所示。

　　步骤 4：单选添加的视频切换效果，在【特效控制台】中显示当前视频轨道中的视频切换效果的参数，如图 3.6 所示。用户根据实际情况设置视频切换效果的参数即可。

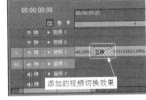

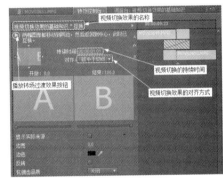

图 3.4　　　　　　　　　图 3.5　　　　　　　　　图 3.6

2)"互换"视频切换效果的参数介绍

(1) ▶(播放转场过渡效果)按钮：单击该按钮，在该按钮正下方的演示框中演示该切换效果的动态效果。

(2) 持续时间：主要用来设置前一素材(素材 A)画面切换到相邻的下一素材(素材 B)画面的持续时间。

(3) 对齐：主要用来设置视频切换效果的开始位置，包括如图 3.7 所示的 4 种对齐方式。

① 居中于切点：单选此项，则视频切换效果对素材 A 和素材 B 两段素材各占一半，如图 3.8 所示。

② 开始于切点：单选此项，则视频切换效果的入点与素材 B 的入点对齐，如图 3.9 所示。

③ 结束于切点：单选此项，则视频切换效果的出点与素材 A 的出点对齐，如图 3.10 所示。

④ 自定开始：将光标移到【特效控制台】中的如图 3.11 所示的位置，光标变成 ▥ 形态，按住鼠标左键进行移动即可改变对齐的位置，对齐方式也切换到自定义对齐方式。

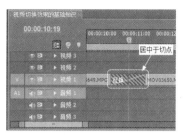
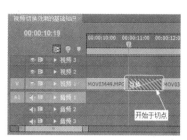

图 3.7　　　　　　　　　　图 3.8　　　　　　　　　　图 3.9

(4) 开始:/结束:：主要用来设置切换开始/结束的位置。将光标放到开始:/结束:右边的参数上，光标变成 形态，按住鼠标左键进行拖动即可改变开始:/结束:的位置。

(5) 显示实际来源：勾选此项，显示素材始末位置的帧画面，如图 3.12 所示。

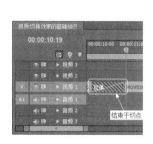
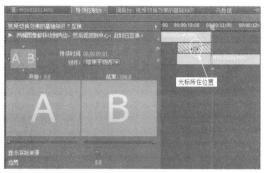

图 3.10　　　　　　　　　　图 3.11　　　　　　　　　　图 3.12

(6) 边宽：主要用来调节两段素材之间的过渡边界的宽度，如图 3.13 所示。

(7) 边色：主要用来调节两段素材之间过渡边界的颜色。

(8) 反转：勾选此项，交换两段素材的互换方式。

(9) 抗锯齿品质：主要用来设置是否对两段素材过渡时进行抗锯齿操作，包括"关闭""低""中"和"高"4 种抗锯齿的方式。

3) 给多段素材同时添加视频切换效果

在 Premiere Pro CS6 中，不仅可以给视频素材添加视频切换效果，还可以给图片、彩色蒙版以及音频添加切换效果。

通过 (自动匹配序列(A))按钮给多段素材添加视频切换效果。

步骤 1：将"时间指示器"移到第 0 帧的位置，锁定"视频 1"轨道。

步骤 2：导入素材并选中导入的素材，如图 3.14 所示。

步骤 3：在【序列】窗口中单选"视频 2"轨道，再单击【节目】窗口下边的 (自动匹配序列(A))按钮，弹出【自动匹配到序列】对话框，具体设置如图 3.15 所示。

步骤 4：单击 确定 按钮即可，如图 3.16 所示。

4) 通过序列窗口菜单中的命令给多段素材添加视频切换效果

步骤 1：在【序列】窗口中框选多段素材。

步骤 2：在菜单栏中单击 序列(S) → 应用视频过渡效果(V) 命令即可。

图 3.13

图 3.14

图 3.15

图 3.16

　　提示：在【序列】窗口中选择轨道中的素材，将"时间指示器"移到被选中素材的入点、出点或两段素材相邻素材的接缝处，按键盘上的"Ctrl+D"组合键即可添加默认切换效果。

　　5) 删除视频切换效果

　　在 Premiere Pro CS6 中为用户提供了 3 种删除方式。

　　第一种方式：在【序列】窗口中单选视频轨道中的视频切换效果，按键盘上的"Delete"键即可删除选择的视频切换效果。

　　第二种方式：将光标移到轨道中需要删除的视频切换效果上，单击鼠标右键，在弹出的快捷菜单中单击 清除 命令，即可删除视频切换效果。

　　第三种方式：按住"Shift"键，单选需要删除的视频切换效果，再按键盘上的"Delete"即可一次性删除多个视频切换效果。

　　视频播放： 视频切换效果的添加的详细介绍，请观看配套视频"视频切换效果的添加.wmv"。

　　4. 各类视频切换效果的作用

　　在 Premiere Pro CS6 中，为用户提供了"三维运动""伸展""光圈""卷页""叠化""擦除""映射""滑动""特殊效果"和"缩放"10 大类 70 多个视频切换效果，基本上可以满足读者的创意要求。

【参考视频】

在此给读者介绍各大类的作用，至于具体每一个视频切换效果的介绍，在本章后续的案例中详细介绍。

(1) "三维运动"类视频切换效果：主要作用是将前后两段素材(镜头)进行层次化，实现从二维到三维的视觉效果。

(2) "伸展"类视频切换效果：主要作用是从前一段素材(镜头)画面伸展挤压出下一段素材(镜头)画面的效果。

(3) "光圈"类视频切换效果：主要作用是使用前后两段素材(镜头)画面直接交替转换。

(4) "卷页"类视频切换效果：主要作用是对前一段素材(镜头)画面进行翻转或剥落到下一段素材(镜头)画面。

(5) "叠化"类视频切换效果：主要作用是对前后两段素材(镜头)画面通过相互融合或叠加实现前后转换。

(6) "擦除"类视频切换效果：主要作用是对前一段素材(镜头)的画面类似指针旋转擦除素材，从而显示出下一段素材(镜头)的画面。

(7) "映射"类视频切换效果：主要作用是对前后两段素材(镜头)的画面通过混色原理将两个素材(镜头)的画面进行混色处理实现转换。

(8) "滑动"类视频切换效果：主要作用是从一段素材(镜头)的画面以滑动的方式出现另一段素材(镜头)的画面。

(9) "特殊效果"类视频切换效果：主要作用是对前后两段素材(镜头)的画面通过某种特技效果实现转换。

(10) "缩放"类视频切换效果：主要作用是对前后两段素材(镜头)的画面以推拉、画中画或幻影形式实现转换。

视频播放：各类视频切换效果的作用的详细介绍，请观看配套视频"各类视频切换效果的作用.wmv"。

3.1.4　举一反三

使用该案例介绍的方法，读者自己创建一个名为"视频切换效果举一反三.prproj"节目文件，根据配套资源中提供的素材，制作如下效果，并输出命名为"视频切换效果举一反三.avi"文件。

【参考视频】

3.2 人 物 过 渡

3.2.1 影片预览

影片在本书提供的配套素材中的"第 3 章 丰富的视频转场特效/最终效果/3.2 人物过渡.flv"文件中。通过观看影片了解本案例的最终效果。本案例主要通过制作人物过渡来介绍叠化类视频切换效果中的各个视频切换的作用和参数设置。

3.2.2 本案例画面及制作步骤(流程)分析

案例部分画面效果如下：

案例制作的大致步骤：

3.2.3 详细操作步骤

案例引入：

(1) 叠化类视频切换效果主要用在哪些场合？

(2) 叠化类视频切换效果中的每个叠化切换效果的作用是什么？

1. 创建新项目和导入素材

步骤 1：启动 Premiere Pro CS6 软件，创建一个名为"人物过渡"的项目文件。

步骤 2：利用前面所学知识导入如图 3.17 所示的素材。

视频播放： 创建新项目和导入素材的详细介绍，请观看配套视频"创建新项目和导入素材.wmv"。

2. 叠化类视频切换效果的使用

在这里，通过制作人物过渡来介绍叠化类视频切换效果的作用和使用方法。

叠化类视频切换效果也称溶解类视频切换效果。主要作用是通过对素材(镜头)画面的溶解消失进行转场过渡。

叠化类视频切换效果主要应用于镜头分割、时空转场和思绪变化，节奏比较慢。叠化类转场主要有 8 个叠化转场效果，如图 3.18 所示。

1）将素材添加到轨道中并添加叠化类视频切换效果

步骤 1： 将导入的素材依次拖曳到"视频 1"轨道中，如图 3.19 所示。

图 3.17　　　　　　　　　图 3.18　　　　　　　　　图 3.19

步骤 2： 分别将 8 个叠化类视频切换效果添加到"视频 1"轨道中的图片素材连接处，如图 3.20 所示。

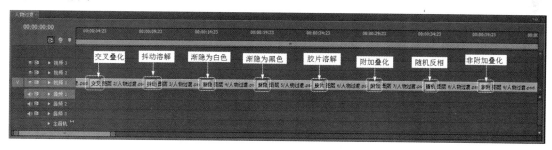

图 3.20

步骤 3： 根据自己的创意要求设置各个叠化视频切换效果的参数，具体设置方法是在"视频 1"轨道中单选需要调节参数的叠化视频切换效果。然后在【特效控制台】中设置参数即可。

视频播放： 叠化类视频切换效果的使用的详细介绍，请观看配套视频"叠化类视频切换效果的使用.wmv"。

【参考视频】　　　　【参考视频】

3. 叠化类视频切换效果介绍

(1) 交叉叠化(标准) 视频切换：主要作用是使图像 A 渐隐于图像 B。从而实现图像 B 画面的过渡，该叠化效果为默认视频切换效果，常用于回忆类转场切换，如图 3.21 所示。

图 3.21

提示：在 Premiere Pro CS6 中，图像 A 表示在视频轨道中相连素材的前一段素材，图像 B 表示在视频轨道中相连素材的后一段素材。

(2) 抖动溶解 视频切换：主要作用是使图像 A 画面以小点方式消失，图像 B 画面以小点方式出现，从而实现图像 B 画面的过渡，如图 3.22 所示。

图 3.22

(3) 渐隐为白色 视频切换：主要作用是使图像 A 画面逐渐变白，然后逐渐淡出图像 B 画面，从而实现图像 B 画面的过渡，如图 3.23 所示。

图 3.23

(4) 渐隐为黑色 视频切换：主要作用是使图像 A 画面逐渐变黑，图像 B 画面逐渐从黑暗中出现，从而实现图像 B 画面的过渡，如图 3.24 所示。

图 3.24

(5) ▣胶片溶解视频切换：主要作用是使图像 A 画面逐渐淡出，图像 B 画面逐渐淡入，从而实现图像 B 画面的过渡，如图 3.25 所示。

图 3.25

(6) ▣附加叠化视频切换：主要作用是使图像 A 画面以叠加溶解的方式进行转场，在溶解过程中图像 A 画面产生高亮显示，从而实现图像 B 画面的过渡，如图 3.26 所示。

图 3.26

(7) ▣随机反相视频切换：主要作用是使图像 A 画面以随机的板块形状消失，图像 B 画面以随机的板块出现，从而实现图像 B 画面的过渡，如图 3.27 所示。

图 3.27

(8) ▣非附加叠化视频切换：主要作用是使图像 B 画面从最亮的部分开始出现，直到完全出现，图像 A 画面随之消失，从而实现图像 B 画面的过渡，如图 3.28 所示。

图 3.28

4. 比较不同轨道的转场效果

为了使读者理解和总结转场方式，可以进行 3 种操作，通过查看其结果，进行比较，看有何区别。

第 1 种方式为前面介绍的方式，即第 1 段素材(镜头)和第 2 段素材(镜头)均在同一视频轨道上。

第 2 种方式是将第 1 段素材拖曳到"视频 2"轨道上，并且第 1 段素材(镜头)与第 2 段素材(镜头)有一定重叠，重叠长度与视频切换转场长度相等，给"视频 2"视频轨道添加视频转场效果，如图 3.29 所示。在【节目监视器】窗口中的效果如图 3.30 所示。

图 3.29　　　　　　　　图 3.30

第 3 种方式是将第 2 段素材(镜头)拖曳到"视频 3"轨道上，并且第 1 段素材(镜头)与第 2 段素材(镜头)有一定重叠，重叠长度与视频切换效果的长度相等，给"视频 3"轨道上的素材(镜头)添加视频切换效果，如图 3.31 所示，在【节目监视器】窗口中的效果如图 3.32 所示。

图 3.31　　　　　　　　图 3.32

【参考视频】

从上面 3 种转场效果可以看出，只要转场重叠的时间段"位置"和"长度"一样，其结果也一样。

视频播放：叠化类视频切换效果介绍的详细内容，请观看配套视频"叠化类视频切换效果介绍.wmv"。

3.2.4　举一反三

使用该案例介绍的方法，创建一个名为"人物过渡举一反三.prproj"的节目文件，根据配套资源中提供的素材，制作如下效果并输出名为"人物过渡举一反三.avi"文件。

3.3　创建卷页画册

3.3.1　影片预览

影片在本书提供的配套素材中的"第 3 章　丰富的视频转场特效/最终效果/3.3 创建卷页画册.flv"文件中。通过观看影片了解本案例的最终效果。本案例主要通过制作卷页画册来介绍卷页类视频切换效果中的各个视频切换的作用和参数设置。

3.3.2　本案例画面及制作步骤(流程)分析

案例部分画面效果如下：

【参考视频】

案例制作的大致步骤：

创建新项目，导入素材 → 介绍卷页类视频切换效果的使用方法 → 介绍卷页类视频切换效果中的每一个卷页效果的作用

3.3.3　详细操作步骤

案例引入：

(1) 卷页类视频切换效果主要用在哪些场合？

(2) 卷页类视频切换效果中的每个卷页切换效果的作用是什么？

1. 创建新项目和导入素材

步骤1：启动 Premiere Pro CS6 软件，创建一个名为"创建卷页画册"的项目文件。

步骤2：利用前面所学知识导入如图 3.33 所示的素材。

视频播放：创建新项目和导入素材的详细介绍，请观看配套视频"创建新项目和导入素材.wmv"。

2. 卷页类视频切换效果的使用

在这里通过制作卷页画册来介绍卷页类视频切换效果的作用和使用方法。

卷页类视频切换效果主要用来模拟剥落、翻页和卷页等效果。包括 5 个卷页效果，如图 3.34 所示。

步骤1：将导入的素材拖曳到视频轨道中，如图 3.35 所示。

图 3.33　　　　　图 3.34　　　　　图 3.35

步骤2：将卷页类视频切换效果依次拖曳到素材的连接处，如图 3.36 所示。

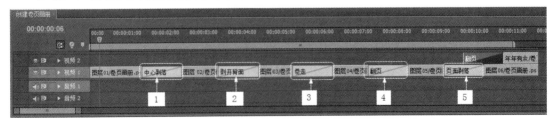

图 3.36

【参考视频】

步骤 3：根据实际情况调节切换效果的参数，具体调节方法是，在视频轨道中单选需要调节参数的卷页视频切换效果，在【特效控制台】中调节参数即可。

视频播放：卷页类视频切换效果使用的详细介绍，请观看配套视频"卷页类视频切换效果的使用.wmv"。

3. 卷页类视频切换效果介绍

(1) ☑中心剥落视频切换：主要作用是使图像 A 画面从中心位置慢慢地向 4 个边角卷页，从而实现图像 B 画面的过渡，如图 3.37 所示。

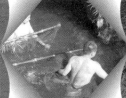

图 3.37

(2) ☑剥开背面视频切换：主要作用是使图像 A 画面分成 4 片，然后分别翻卷，从而实现图像 B 画面的过渡，如图 3.38 所示。

图 3.38

(3) ☑卷走视频切换：主要作用是使图像 A 画面像卷纸一样卷起，从而实现图像 B 画面的过渡，如图 3.39 所示。

图 3.39

提示：卷走视频切换效果有 4 种卷页滚出效果供调节。调节方法是在视频轨道中单选☑卷走视频切换效果，在【特效控制台】中单击相应的▶(从西到东)、◀(从东到西)、▼(从北到南)、▲(从南到北)按钮即可，如图 3.40 所示。

【参考视频】

图 3.40

(4) [翻页]视频切换：主要作用是使图像 A 画面像透明的书一样从屏幕的一角翻卷，从而实现图像 B 画面的过渡，如图 3.41 所示。

图 3.41

提示：翻页视频切换效果有 4 种翻页效果供调节。调节方法是单选视频轨道中需要调节的[翻页]视频切换效果，在【特效控制台】中单击相应的◤(从北西到南东)、◣(从北东到南西)、◥(从南西到北东)和(从南东到北西)按钮即可，如图 3.42 所示。

(5) [页面剥落]视频切换：主要作用是使图像 A 画面像书页一样从屏幕的一角翻卷，从而实现素材 B 画面的过渡，如图 3.42 所示。

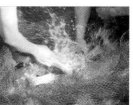

图 3.42

视频播放：卷页类视频切换效果介绍的详细内容，请观看配套视频"卷页类视频切换效果介绍.wmv"。

3.3.4 举一反三

使用该案例介绍的方法，创建一个名为"创建卷页画册举一反三.prproj"节目文件，根据配套资源中提供的素材，制作如下效果并输出名为"创建卷页画册举一反三.avi"文件。

【参考视频】

3.4　制作卷轴画效果

3.4.1　影片预览

影片在本书提供的配套素材中的"第 3 章 丰富的视频转场特效/最终效果/3.4 制作卷轴画效果.flv"文件中。通过观看影片了解本案例的最终效果。本案例主要通过制作卷轴画效果来介绍滑动类视频切换效果的作用和参数调节。

3.4.2　本案例画面及制作步骤(流程)分析

案例部分画面效果如下：

案例制作的大致步骤：

创建新项目，导入素材　➡　介绍制作卷轴画效果的制作方法和原理　➡　介绍滑动类视频切换效果的作用和使用方法

3.4.3 详细操作步骤

案例引入：

(1) 滑动类视频切换效果主要用在哪些场合？

(2) 滑动类视频切换效果中的每个滑动切换效果的作用是什么？

(3) 卷轴画效果制作的原理是什么？

1. 创建新项目和导入素材

步骤 1： 启动 Premiere Pro CS6 软件，创建一个名为"制作卷轴画效果"的项目文件。

步骤 2： 利用前面所学知识导入如图 3.43 所示的素材。

视频播放： 创建新项目和导入素材的详细介绍，请观看配套视频"创建新项目和导入素材.wmv"。

2. 制作卷轴画效果

在这里通过制作卷轴画来介绍卷页滑动类视频切换效果的作用和使用方法。

滑动类视频切换效果主要通过运动画面的方式来完成场景的转场过渡。滑动类视频切换效果包括 12 个，如图 3.44 所示。

卷轴画效果的制作主要通过使用滑动类视频切换效果中的 ◢拆分 视频切换效果和关键帧的调节来完成。具体制作方法如下。

1) 将素材拖曳到视频轨道中并添加视频切换效果

步骤 1： 将素材拖曳到视频轨道中，并将图片拉长至第 6 秒 0 帧的位置，如图 3.45 所示。

图 3.43

图 3.44

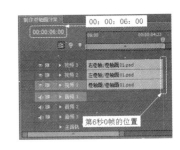

图 3.45

步骤 2： 给"视频 1"中的素材添加 ◢拆分 视频切换效果，调节 ◢拆分 视频切换效果的参数，具体调节如图 3.46 所示。效果如图 3.47 所示。

2) 制作卷轴运动的动画

步骤 1： 将"时间指示器"移到第 4 秒 0 帧的位置。

步骤 2： 单选"视频 2"轨道中的素材，在【特效控制台】中设置运动参数和添加关键帧，具体设置如图 3.48 所示。

【参考视频】

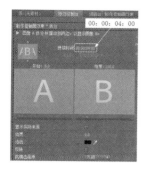
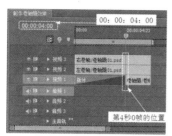
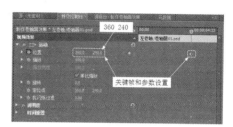

图 3.46　　　　　　　　　图 3.47　　　　　　　　　　图 3.48

步骤 3：单选"视频 3"轨道中的素材，在【特效控制台】中设置运动参数和添加关键帧，具体设置如图 3.49 所示。

步骤 4：将"时间指示器"移到第 0 帧的位置。

步骤 5：单选"视频 2"轨道中的素材，在【特效控制台】中设置运动参数和添加关键帧，具体设置如图 3.50 所示。

步骤 6：单选"视频 3"轨道中的素材，在【特效控制台】中设置运动参数和添加关键帧，具体设置如图 3.51 所示。

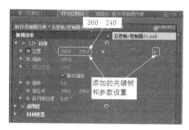
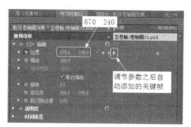

图 3.49　　　　　　　　　图 3.50　　　　　　　　　　图 3.51

步骤 7：对制作好的卷轴画进行播放，看是否有问题，如有问题及时对"视频 2"和"视频 3"中参数的位置参数进行微调，调节参数之后系统会自动添加关键帧。最终效果如图 3.52 所示。

图 3.52

视频播放：制作卷轴画效果的详细介绍，请观看配套视频"制作卷轴画效果.wmv"。

3. 滑动类视频切换效果的作用和使用方法

1) 将素材拖曳到视频轨道中并添加滑动类视频切换效果

步骤 1：将素材拖曳到视频轨道中，如图 3.53 所示。

【参考视频】

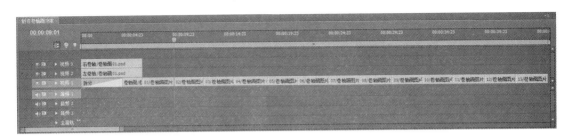

图 3.53

步骤 2: 依次将滑动类视频切换效果拖曳到两段素材的相连处,如图 3.54 所示。

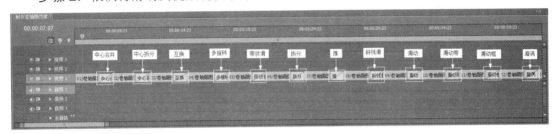

图 3.54

2) 各个滑动类视频切换效果的作用介绍

(1) 中心合并视频切换:主要作用是将图像 A 画面分成 4 份,向中心合并缩小,从而实现图像 B 画面的过渡,如图 3.55 所示。

图 3.55

(2) 中心拆分视频切换:主要作用是将图像 A 画面分成 4 份,从中心呈十字向四周划出,从而实现图像 B 画面的过渡,如图 3.56 所示。

图 3.56

(3) 互换视频切换:主要作用是将图像 A 画面与图像 B 画面交换位置来实现转场过渡,如图 3.57 所示。

图 3.57

(4) 多旋转视频切换：主要作用是将图像 B 画面拆分成若干小块以旋转方式进入，覆盖图像 B 画面，从而实现转场过渡，如图 3.58 所示。

图 3.58

(5) 带状滑动视频切换：主要作用是将图像 B 画面以条状进入，逐渐覆盖图像 A 画面，从而实现转场过渡，如图 3.59 所示。

图 3.59

(6) 拆分视频切换：主要作用是将图像 A 画面从中间垂直分割成两块，向两侧移出画面，逐渐显示出图像 B 画面，从而实现转场过渡，如图 3.60 所示。

图 3.60

(7) 推视频切换：主要作用是使用图像 B 画面将图像 A 画面推出屏幕，从而实现转场过渡，如图 3.61 所示。

图 3.61

(8) 斜线叠动 视频切换：主要作用是将图像 B 画面以线条形状进入，逐渐覆盖素材 A 画面，从而实现转场过渡，如图 3.62 所示。

图 3.62

(9) 滑动 视频切换：主要作用是将图像 B 画面推入屏幕，逐渐覆盖图像 A 画面，从而实现转场过渡，如图 3.63 所示。

图 3.63

(10) 滑动带 视频切换：主要作用是使图像 B 画面在水平或垂直方向以线条方式逐渐覆盖图像 A 画面，从而实现转场过渡，如图 3.64 所示。

图 3.64

(11) 滑动框 视频切换：主要作用是使图像 B 画面以堆积木的方式在水平或垂直方向上以线条方式逐渐覆盖图像 A，从而实现转场过渡，如图 3.65 所示。

图 3.65

(12) ⬛旋涡视频切换：主要作用是将图像 B 画面分成若干小块从中心旋转出现，逐渐覆盖图像 A 画面，从而实现转场过渡，如图 3.66 所示。

图 3.66

视频播放：滑动类视频切换效果的作用和使用方法的详细介绍，请观看配套视频"滑动类视频切换效果的作用和使用方法.wmv"。

3.4.4　举一反三

使用该案例介绍的方法，创建一个名为"制作卷轴画效果举一反三.prproj"节目文件，根据配套资源中提供的素材，制作如下效果并输出名为"制作卷轴画效果举一反三.avi"文件。

3.5　3D 转场效果的制作

3.5.1　影片预览

影片在本书提供的配套素材中的"第 3 章 丰富的视频转场特效/最终效果/3.5 3D 转场

【参考视频】

效果的制作.flv"文件中。通过观看影片了解本案例的最终效果。本案例主要通过 3D 转场效果的制作来介绍三维运动类视频切换效果的作用和参数调节。

3.5.2 本案例画面及制作步骤(流程)分析

案例部分画面效果如下:

案例制作的大致步骤:

3.5.3 详细操作步骤

案例引入:

(1) 三维运动类视频切换效果主要用在哪些场合?

(2) 三维运动类视频切换效果中的每个三维运动切换效果的作用是什么?

1. 创建新项目和导入素材

步骤 1:启动 Premiere Pro CS6 软件,创建一个名为"3D 转场效果的制作"的项目文件。

步骤 2:利用前面所学知识导入如图 3.67 所示的素材。

> **视频播放**:创建新项目和导入素材的详细介绍,请观看配套视频"创建新项目和导入素材.wmv"。

2. 3D 转场效果的制作

在这里通过 3D 转场效果的制作来介绍三维运动类视频切换效果的作用和使用方法。

三维运动类视频切换效果主要通过图像 A 画面和图像 B 画面进行层次化,实现二维到三维的视觉效果,从而实现转场过渡。三维运动类视频切换效果包括 10 个,如图 3.68 所示。

1) 将素材拖曳到视频轨道中并添加三维运动类视频切换效果

步骤 1:依次将素材拖曳到"视频 1"轨道中,如图 3.69 所示。

【参考视频】

图 3.67　　　　　　　　　　图 3.68　　　　　　　　　　图 3.69

步骤 2： 依次将三维运动类视频切换效果拖曳到"视频 1"轨道中素材相连处，如图 3.69 所示。

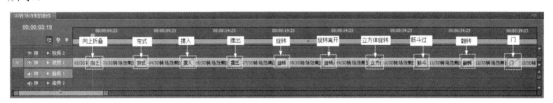

图 3.70

2) 调节三维运动类视频切换效果的参数

参数调节的方法很简单，在视频轨道中单选需要调节参数的视频切换效果，然后在【特效控制台】中调节参数即可。在这里以调节"翻转"视频切换效果的参数为例。

步骤 1： 将光标移到"视频 1"轨道中的 视频切换效果上，光标变成 形态，单击鼠标左键即可单选该视频切换效果。

步骤 2： 在【特效控制台】中调节参数，具体调节如图 3.71 所示。在【节目监视器】窗口中的效果如图 3.72 所示。

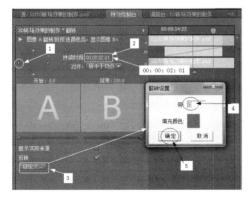

图 3.71　　　　　　　　　　　　　　图 3.72

步骤3：其他三维运动类视频切换效果的参数调节方法相同，在此就不再详细介绍，读者根据实际情况进行调节。

视频播放：3D 转场效果的制作的详细介绍，请观看配套视频"3D 转场效果的制作.wmv"。

3. 三维运动视频切换效果的作用

(1) [向上折叠] 视频切换：主要作用是将图像 A 画面进行折叠，显示出图像 B 画面，从而实现场景过渡，如图 3.73 所示。

图 3.73

(2) [帘式] 视频切换：主要作用是将图像 A 画面以窗帘的方式拉起，显示出图像 B 画面，从而实现场景过渡，如图 3.74 所示。

图 3.74

(3) [摆入] 视频切换：主要作用是将图像 B 画面像窗户一样由里向外关闭，遮挡图像 A 画面，从而实现场景过渡，如图 3.75 所示。

图 3.75

(4) [摆出] 视频切换：主要作用是将图像 B 画面像窗户一样由外向里关闭，遮挡图像 A 画面，从而实现场景过渡，如图 3.76 所示。

图 3.76

【参考视频】

（5）▣ 旋转 视频切换：主要作用是将图像 B 画面以屏幕中心向左右两侧展开，遮挡图像 A 画面，从而实现场景过渡，如图 3.77 所示。

图 3.77

（6）▣ 旋转离开 视频切换：主要作用是将图像 B 画面以屏幕中心旋转飞入，逐渐遮挡图像 A 画面，从而实现场景过渡，如图 3.78 所示。

图 3.78

（7）▣ 立方体旋转 视频切换：主要作用是将图像 A 画面和图像 B 画面作为立方体的两个连接面，通过旋转立方体将图像 B 画面逐渐显示出来，从而实现场景过渡，如图 3.79 所示。

图 3.79

（8）▣ 筋斗过渡 视频切换：主要作用是将图像 A 画面以屏幕的中心轴进行旋转缩小消失，逐渐显示图像 B 画面，从而实现场景过渡，如图 3.80 所示。

图 3.80

(9) [翻转]视频切换：主要作用是将图像 A 画面与图像 B 画面背叠在一起，通过以屏幕为中心轴旋转逐渐显示图像 B 画面，从而实现场景过渡，如图 3.81 所示。

图 3.81

(10) [开门]视频切换：主要作用是将图像 A 画面以开门的方式显示图像 B 画面(或将图像 B 画面以关门的方式遮挡图像 A 画面，逐渐显示图象 B 画面)，从而实现场景过渡，如图 3.82 所示。

图 3.82

视频播放：三维运动视频切换效果作用的详细介绍，请观看配套视频"三维运动视频切换效果作用.wmv"。

3.5.4 举一反三

使用该案例介绍的方法，创建一个名为"3D 转场效果的制作举一反三.prproj"节目文件，根据配套资源中提供的素材，制作如下效果并输出名为"3D 转场效果的制作举一反三.avi"文件。

【参考视频】

3.6　其他视频切换效果介绍

3.6.1　影片预览

　　影片在本书提供的配套素材中的"第 3 章　丰富的视频转场特效/最终效果/3.6 其他视频切换效果介绍.flv"文件中。通过观看影片了解本案例的最终效果。本案例主要介绍伸展、光圈、擦除、映射、特殊效果和缩放类视频切换效果中每个视频切换效果的作用和参数调节以及添加视频切换之后的效果展示。

3.6.2　本案例画面及制作步骤(流程)分析

　　案例部分画面效果如下：

　　案例制作的大致步骤：

创建新项目，导入素材	⟹	设置视频切换效果的持续时间和序列的相关操作	⟹	伸展、划像、擦除、映射、特殊效果和缩放类视频切换效果中每个切换效果的作用和使用方法

3.6.3　详细操作步骤

　　案例引入：

　　(1) 伸展、光圈、擦除、映射、特殊效果和缩放类视频切换效果主要应用在哪类镜头的组接中？

（2）怎样合理利用视频切换效果进行转场？

（3）是否可以统一调节视频切换效果的持续时间？

（4）怎样修改序列窗口的名称？

1. 创建新项目和导入素材

步骤1：启动 Premiere Pro CS6 软件，创建一个名为"其他视频切换效果介绍"的项目文件。

步骤2：利用前面所学知识导入素材。

> **视频播放**：创建新项目和导入素材的详细介绍，请观看配套视频"创建新项目和导入素材.wmv"。

2. 修改序列名称并调节视频切换的长度

1）修改序列名称

在 Premiere Pro CS6 中，可以在一个项目中创建多个序列，可以对序列嵌套编辑，可以给序列重命名。

步骤1：在【项目】窗口中双击需要修改的序列标签，在这里双击 序列01 标签，此时，该标签显示为淡蓝色，如图 3.83 所示。

步骤2：输入需要修改的名称，在这里输入"伸展类视频切换效果"，按键盘上的"Enter"键即可，如图 3.84 所示。

步骤3："序列01"窗口的名称变为"伸展类视频切换效果"窗口，如图 3.85 所示。

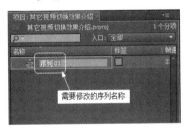  

图 3.83　　　　　　　　　图 3.84　　　　　　　　　图 3.85

2）修改视频切换效果的持续时间

在 Premiere Pro CS6 中，可以通过两种方式修改视频切换效果的持续时间，第一种方式就是前面介绍的单选添加的视频切换效果，然后在【特效控制台】中修改视频切换的持续时间。如果遇到需要修改大批量的视频切换效果，而且修改的持续时间又相同，第一种方法就比较麻烦了，下面介绍第二种方法，可以同时修改所有视频切换效果的持续时间长度，具体操作方法如下。

步骤1：在菜单栏中单击 编辑(E) → 首选项(N) → 常规(G)... 命令，弹出【首选项】对话框。

步骤2：设置视频切换持续时间，具体设置如图 3.86 所示，单击 确定 按钮完成设置。

提示：视频切换效果的默认切换持续时间为 25 帧，也就是 1 秒钟，因为在新建项目时选择的是 PAL 制式，它的视频播放速率为 25 帧/秒。如果新建项目选择的是 NTSC 制式，它的播放速率为 30 帧/秒，则它的视频切换效果的默认持续时间为每秒 30 帧。

【参考视频】

视频播放： 修改序列名称并调节视频切换的长度的详细介绍，请观看配套视频"修改序列名称并调节视频切换的长度.wmv"。

3. 伸展类视频切换效果

伸展类视频切换效果主要作用是通过拉伸图像画面进行视频切换。包括 4 个伸展视频切换效果，如图 3.87 所示。

1）将素材拖曳到视频轨道中并添加视频切换效果

步骤 1： 导入如图 3.88 所示图片，将导入的图片依次拖曳到"视频 1"轨道中。

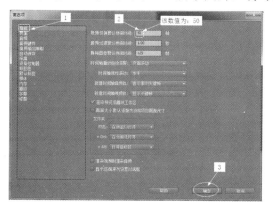

图 3.86　　　　　　　　　　图 3.87　　　　　　　　　　图 3.88

步骤 2： 将伸展类视频切换效果依次拖曳到"视频 1"轨道中的素材连接处，如图 3.89 所示。

2）伸展类视频切换效果的作用

交叉伸展 视频切换：主要作用是将图像 B 画面从一侧压缩图像 A 画面，逐渐使图像 A 画面消失，从而实现场景过渡，如图 3.90 所示。

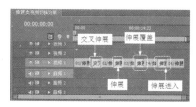

图 3.89　　　　　　　　　　　　　　图 3.90

伸展 视频切换：主要作用是将图像 B 画面伸展覆盖图像 A 画面，从而实现场景过渡，如图 3.91 所示。

图 3.91

【参考视频】

┃伸展覆盖┃视频切换：主要作用是将图像 B 画面从屏幕中心垂直放大，逐渐覆盖图像 A 画面，从而实现场景过渡，如图 3.92 所示。

图 3.92

┃伸展进入┃视频切换：主要作用是将图像 B 画面逐渐缩小淡入，逐渐覆盖图像 A 画面，从而实现场景过渡，如图 3.93 所示。

图 3.93

视频播放：伸展类视频切换效果的详细介绍，请观看配套视频"伸展类视频切换效果.wmv"

4. 光圈类视频切换效果

光圈类视频切换效果的主要作用是：采用二维图形变换的方式进行图像画面之间的过渡。光圈类视频切换效果包括 7 个，如图 3.94 所示。

1) 将素材拖曳到视频轨道中，并添加视频切换效果

步骤 1：导入如图 3.95 所示的素材。

步骤 2：新建一个名为"光圈类视频切换效果"的序列，如图 3.96 所示。

图 3.94

图 3.95

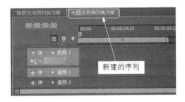

图 3.96

步骤 3：将导入的素材依次拖曳到"视频 1"轨道中。

【参考视频】

步骤 4：将光圈类视频切换效果依次拖曳到"视频 1"轨道的素材连接处，如图 3.97 所示。

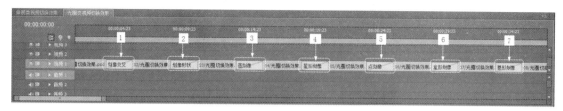

图 3.97

2）光圈类视频切换效果的作用

（1）▨ 划像交叉 视频切换：主要作用是将图像 B 画面从屏幕中心以一个十字形逐渐变大，直到完全覆盖图像 A 画面，从而实现场景过渡，如图 3.98 所示。

图 3.98

（2）▨ 划像形状 视频切换：主要作用是将图像 B 画面以规则图形在图像 A 画面的中心展开，从而实现场景过渡，如图 3.99 所示。

图 3.99

（3）▨ 圆划像 视频切换：主要作用是将图像 B 画面以圆形的方式在图像 A 画面的中心展开，从而实现场景过渡，如图 3.100 所示。

图 3.100

（4）▨ 星形划像 视频切换：主要作用是将图像 B 画面以星形方式在图像 A 画面中心展开，从而实现场景过渡，如图 3.101 所示。

图 3.101

(5) ▣点划像视频切换：主要作用是将图像 B 画面以 X 形方式在图像 A 画面的中心展开，从而实现场景过渡，如图 3.102 所示。

图 3.102

(6) ▣盒形划像视频切换：主要作用是图像 B 画面以盒形的方式在图像 A 画面中展开，从而实现场景过渡，如图 3.103 所示。

图 3.103

(7) ▣菱形划像视频切换：主要作用是将图像 B 画面以棱形的方式在图像 A 画面中展开，从而实现场景过渡，如图 3.104 所示。

图 3.104

提示：如果视频切换效果的参数面板中有 自定义... 按钮，单击该按钮，则会弹出对话框，用户可以根据节目要求设置视频切换的切换图形。例如：单击 ▣划像形状 参数设置中的 自定义... 按钮，弹出【划像形状设置】对话框，根据要求选择形状类型和形状数量，设置完之后单击 确定 按钮即可，如图 3.105 所示。如图 3.106 所示为不同划像类型的效果。

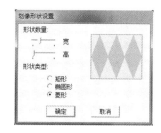

图 3.105

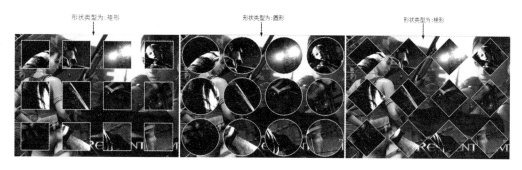

图 3.106

> **视频播放**：光圈类视频切换效果的详细介绍，请观看配套视频"光圈类视频切换效果.wmv"。

5. 擦除类视频切换效果

擦除类视频切换效果主要通过各种形状和方式的划像渐隐达到图像画面之间的过渡。该类视频切换效果的应用非常广泛，包括 17 个，如图 3.107 所示。

1）创建序列和导入素材

步骤 1：新建一个名为"擦除类视频切换效果"的序列，如图 3.108 所示。

步骤 2：导入素材，如图 3.109 所示。

图 3.107

图 3.108

图 3.109

87

步骤 3：将导入的素材依次拖曳到"视频 1"轨道中。

步骤 4：将擦除类视频切换效果依次拖曳到"视频 1"轨道的素材连接处，如图 3.110 所示。

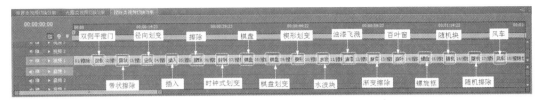

图 3.110

2) 擦除类视频切换效果的作用

(1) 双侧平推门 视频切换：主要作用是将图像 A 画面以关门或开门的方式过渡到素材 B 画面，从而实现场景转场过渡，如图 3.111 所示。

图 3.111

(2) 带状擦除 视频切换：主要作用是将素材 B 画面以水平、垂直或对角线的方向呈条状进入并覆盖图像 A 画面，从而实现场景过渡，如图 3.112 所示。

图 3.112

(3) 径向划变 视频切换：主要作用是将图像 B 画面从屏幕的一角以扫描的方式逐渐出现，逐渐覆盖图像 A 画面，从而实现场景过渡，如图 3.113 所示。

图 3.113

(4) 插入 视频切换：主要作用是将图像 B 画面从图像 A 画面的一角斜插入，逐渐覆盖图像 A 画面，从而实现场景过渡，如图 3.114 所示。

图 3.114

（5）▣擦除视频切换：主要作用是将图像 B 画面从图像 A 画面的一侧逐渐扫入，覆盖图像 A 画面，从而实现场景过渡，如图 3.115 所示。

图 3.115

（6）▣时钟式划变视频切换：主要作用是将图像 B 画面以顺时针转动覆盖图像 A 画面，从而实现场景过渡，如图 3.116 所示。

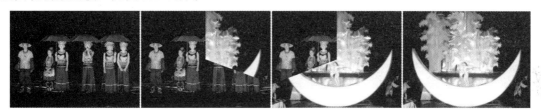

图 3.116

（7）▣棋盘视频切换：主要作用是将图像 B 画面以若干个小方格的方式逐渐出现，覆盖图像 A 画面，从而实现场景过渡，如图 3.117 所示。

图 3.117

（8）▣棋盘划变视频切换：主要作用是将图像 B 画面以棋盘格擦除的方式逐渐覆盖图像 A 画面，从而实现场景过渡，如图 3.118 所示。

图 3.118

(9) 楔形划变 视频切换：主要作用是将图像 B 画面以夹角的形式从画面中出现，角度逐渐变大覆盖图像 A 画面，从而实现场景过渡，如图 3.119 所示。

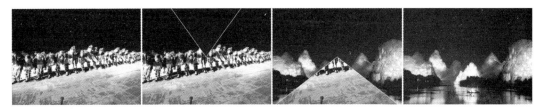

图 3.119

(10) 水波块 视频切换：主要作用是将图像 B 画面以"Z"字形交错扫入的形式覆盖图像 A 画面，从而实现场景过渡，如图 3.120 所示。

图 3.120

(11) 油漆飞溅 视频切换：主要作用是将图像 B 画面以墨水溅落状将图像 A 画面逐渐覆盖，从而实现场景过渡，如图 3.121 所示。

图 3.121

(12) 渐变擦除 视频切换：主要作用是类似于一张动态蒙版，使用一张图片作为辅助，通过计算机图片的色阶，自动生成渐变划像的动态转场过渡，如图 3.122 所示。

图 3.122

(13) ▨百叶窗视频切换：主要作用是将图像 B 画面以百叶窗的形式从图像 A 画面中出现，逐渐覆盖图像 A 画面，从而实现场景过渡，如图 3.123 所示。

图 3.123

(14) ▨螺旋框视频切换：主要作用是将图像 B 画面以条形螺旋形状从屏幕外侧出现，逐渐覆盖图像 A 画面，从而实现场景过渡，如图 3.124 所示。

图 3.124

(15) ▨随机块视频切换：主要作用是将图像 B 画面以随机块的形式覆盖图像 A 画面，从而实现场景过渡，如图 3.125 所示。

图 3.125

(16) ▨随机擦除视频切换：主要作用是将图像 B 画面从图像 A 画面的一侧以随机块的形式出现，逐渐覆盖图像 A 画面，从而实现场景过渡，如图 3.126 所示。

(17) ▨风车视频切换：主要作用是将图像 B 画面以屏幕中心发射出的分割线旋转出现，逐渐覆盖图像 A 画面，从而实现场景过渡，如图 3.127 所示。

图 3.126

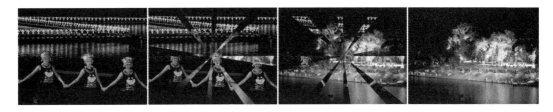

图 3.127

视频播放：擦除类视频切换效果的详细介绍，请观看配套视频"擦除类视频切换效果.wmv"。

6. 映射类视频切换效果

映射类视频切换效果主要使用图像的通道混合形式完成视频切换，包括 2 个，如图 3.128 所示。

1) 创建序列文件和导入素材

步骤 1：创建一个名为"映射类视频切换效果"的序列，如图 3.129 所示。

步骤 2：导入素材，如图 3.130 所示。

图 3.128

图 3.129

图 3.130

步骤 3：将映射类视频切换效果添加到"视频 1"轨道中相连图像之间的连接处，如图 3.131 所示。

2) 映射类视频切换效果的作用

(1) ▓明亮度映射视频切换：主要作用是使用图像画面的亮度信息进行映射，实现场景过渡，如图 3.132 所示。

【参考视频】

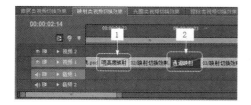

图 3.131

图 3.132

(2) ▇通道映射▇视频切换：主要作用是使用图像 A 画面或图像 B 画面的某些通道映射输出到转场图像，从而实现场景过渡，如图 3.133 所示。

图 3.133

> **视频播放**：映射类视频切换效果的详细介绍，请观看配套视频"映射类视频切换效果.wmv"。

7. 特殊效果类视频切换效果

特殊效果类视频切换效果是指暂时没有被归类的视频切换效果，包括 3 个视频切换效果，如图 3.134 所示。

1) 创建序列文件和导入素材以及添加视频切换效果

步骤 1：创建一个名为"特殊效果类视频切换效果"的序列。

步骤 2：导入素材，将其依次导入"视频 1"轨道中，并添加视频切换效果，如图 3.135 所示。

图 3.134

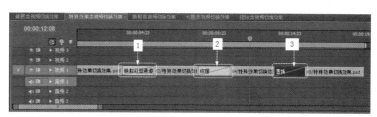

图 3.135

2) 特殊效果类视频切换效果的作用

(1) ▇映射红蓝通道▇视频切换：主要作用是将图像 A 画面色彩的红色通道和蓝色通道映射混合到图像 B 画面，从而实现场景过渡，如图 3.136 所示。

【参考视频】

图 3.136

(2) ▨纹理视频切换：主要作用是将图像 A 画面和图像 B 画面进行色彩混合，将图像 A 画面作为一张纹理贴图映射到图像 B 画面上，逐渐覆盖图像 A 画面，从而实现场景过渡，如图 3.137 所示。

图 3.137

(3) ▨置换视频切换：主要作用是使图像 A 画面中的通道信息替换图像 B 画面中的像素，从而实现场景过渡，如图 3.138 所示。

图 3.138

视频播放： 特殊效果类视频切换效果的详细介绍，请观看配套视频"特殊效果类视频切换效果.wmv"。

8．缩放类视频切换效果

缩放类视频切换效果是指将图像 A 画面与图像 B 画面通过推拉、画中画、幻影轨迹等效果实现转场过渡，包括 4 个转场效果，如图 3.139 所示。

1) 创建序列文件和导入素材

步骤 1： 创建一个名为"缩放类视频切换效果"的序列。

步骤 2： 导入素材，将素材依次拖曳到"视频 1"轨道中，并依次将视频切换效果拖曳

【参考视频】

到两段素材相连处，如图 3.140 所示。

图 3.139

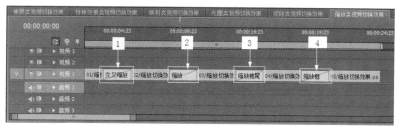

图 3.140

2) 缩放类视频切换效果的作用

(1) 交叉缩放视频切换：主要作用是将图像 A 画面放大飞出屏幕，图像 B 画面缩小进入屏幕，从而实现场景过渡，如图 3.141 所示。

图 3.141

(2) 缩放视频切换：主要作用是将图像 B 画面从屏幕中心逐渐覆盖图像 A 画面，从而实现场景过渡，如图 3.142 所示。

图 3.142

(3) 缩放拖尾视频切换：主要作用是将图像 A 画面缩小消失，在缩小过程中形成拖尾效果，逐渐显示出素材 B 画面，从而实现场景过渡，如图 3.143 所示。

图 3.143

(4) 缩放框视频切换：主要作用是将图像 B 画面分成若干个小块从图像 A 画面中放大出现，逐渐覆盖素材 A 画面，从而实现场景过渡，如图 3.144 所示。

图 3.144

视频播放：缩放类视频切换效果的详细介绍，请观看配套视频"缩放类视频切换效果.wmv"。

3.6.4　举一反三

利用所学知识，收集一部电影或动画片的素材，制作一段 3～5 分钟的动画预告片。

第4章

神奇的视频特效

技能点

1. 视频特效基础
2. 卷轴画变色效果
3. 过滤颜色
4. 画面变形
5. 幻影效果
6. 倒影效果
7. 重复画面效果
8. 水墨山水画效果
9. 滚动画面效果
10. 局部马赛克效果

说明

本章主要通过 10 个案例来介绍视频特效的创建及参数设置。读者要重点掌握视频特效的参数调节方法和视频特效的灵活运用。

在非线性编辑中，视频特效是一个非常重要的功能，它能使图像画面拥有更加丰富多彩的视觉效果。Premiere Pro CS6 为用户提供了大量的视频特效，使用这些特效可以使图像画面产生很多美妙的效果，例如：图像变形、变色、平滑以及镜像等。【视频特效】的使用方法比较简单，但却是 Premiere Pro CS6 中最为灵活的工具之一，要想用它制作出完美的作品，读者要经常思考并不断进行实践探索。

在 Premiere Pro CS6 中，提供了【Distort】、【变换】、【图像控制】、【实用】、【扭曲】、【时间】、【杂波与颗粒】、【模糊和锐化】、【生成】、【色彩校正】、【视频】、【调整】、【过渡】、【透视】、【通道】、【键控】、【颜色校正】和【风格化】这 18 大类 128 个视频特效。

4.1　视频特效基础

4.1.1　影片预览

影片在本书提供的配套素材中的"第 4 章 视频特效基础/最终效果/4.1 视频特效基础.flv"文件中。通过观看影片了解本案例的最终效果。本案例主要介绍视频特效的作用、分类、使用方法和技巧。

4.1.2　本案例画面及制作步骤(流程)分析

案例部分画面效果如下：

案例制作的大致步骤：

4.1.3　详细操作步骤

案例引入：

(1) 什么叫视频特效？

(2) 视频特效有什么作用？

(3) 怎样添加视频特效？一段视频是否可以添加多个视频特效？

(4) 视频特效主要应用在哪些地方？

(5) 视频特效主要分为哪几大类？

(6) 怎样调节视频特效的参数？

1. 创建新项目和导入素材

步骤 1：启动 Premiere Pro CS6 软件，创建一个名为"视频特效基础.prproj"的项目文件。

步骤 2：利用前面所学知识导入如图 4.1 所示的素材。

步骤 3：将导入的素材拖曳到"视频 1"和"视频 2"轨道中，并调节"视频 1"轨道中素材的长度，如图 4.2 所示。

视频播放：创建新项目和导入素材的详细介绍，请观看配套视频"创建新项目和导入素材.wmv"。

2. 视频效果的作用

在 Premiere Pro CS6 中，可以使用视频特效对图像画面进行调色、修补画面的缺陷、图像叠加、变化声音、扭曲图像、抠像、添加粒子等各种艺术效果。视频特效在以前版本的基础上又增加了很多视频特效，使特效功能得到了进一步完善，完全可以满足影视后期剪辑的特技制作要求。

视频特效是非线性编辑中一个非常重要的功能，添加视频特效的目的是为了增加图像画面的视觉效果，满足后期剪辑创意的需要，表达作者的创意，吸引观众的眼球。

视频播放：视频效果的作用的详细介绍，请观看配套视频"视频效果的作用.wmv"。

3. 给图像画面添加视频特效

在 Premiere Pro CS6 中，可以给图像画面添加视频特效，可以对同一段图像画面添加多个视频特效，在【特效控制台】中可以随时调节视频特效之间的堆栈顺序，给视频特效添加关键帧和参数调节。

视频特效应用的大致步骤如下。

步骤 1：将素材拖曳到视频轨道中。

步骤 2：将视频特效拖曳到视频轨道的素材上，松开鼠标左键即可。

步骤 3：在视频轨道中单选添加了视频特效的素材，在【特效控制台】中根据项目要求调节视频特效参数(或添加关键帧来调节参数，对图像画面进行动态调节)。

1) 给图像画面添加一个"亮度与对比度"视频特效

步骤 1：播放添加的视频，图像画面如图 4.3 所示。可以看出图像的亮度和对比度不够，需要通过添加"亮度与对比度"视频特效来进行调节。

图 4.1

图 4.2

图 4.3

【参考视频】　【参考视频】

步骤 2：在【效果】面板中展开视频特效，将光标移到 [亮度与对比度] 视频特效上，按住鼠标左键移动鼠标，将光标移到视频轨道中需要添加视频特效的素材上，松开鼠标左键即可，如图 4.4 所示。

提示：视频轨道中的素材，如果添加了视频特效，则轨道中的素材上会出现一条粉红色的横线。

步骤 3：单选添加了"亮度与对比度"视频特效的素材。在【特效控制台】中设置参数，具体设置如图 4.5 所示。在【节目监视器】窗口中的效果如图 4.6 所示。

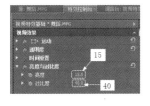

图 4.4 图 4.5 图 4.6

2) 给视频添加"颜色键"视频特效

在这里通过"颜色键"视频特效将视频的白色部分抠掉，显示出"视频 1"轨道中的素材，从而实现图像的叠加效果，具体操作方法如下。

步骤 1：在【效果】面板中展开视频特效，将光标移到 [颜色键] 视频特效上，按住鼠标左键移动鼠标，将光标移到"视频 2"轨道中的素材上，松开鼠标左键即可。

步骤 2：单选添加了"颜色键"视频特效的素材，在【特效控制台】中调节参数，具体调节如图 4.7 所示。在【节目监视器】窗口中的效果如图 4.8 所示。

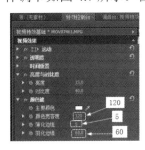

图 4.7 图 4.8

视频播放：给图像画面添加视频特效的详细介绍，请观看配套视频"给图像画面添加视频特效.wmv"。

4. 视频特效的相关操作

在 Premiere Pro CS6 中，视频特效的相关操作主要有视频特效的删除、关键帧的编辑、堆栈顺序的调节和参数调节等操作。

【参考视频】

1) 视频特效的删除

视频特效的删除主要有删除指定的视频特效和批量删除视频特效两种方式。

第 1 种方式：删除指定的视频特效。

步骤 1： 在视频轨道中单选需要删除的视频特效所在的素材。

步骤 2： 在【特效控制台】中单选需要删除的视频特效，按键盘上的"Delete"键或"Backspace"键即可。

第 2 种方式：批量删除视频特效。

步骤 1： 将鼠标移到需要删除的视频特效所在的视频素材上，单击鼠标右键弹出快捷菜单。

步骤 2： 在弹出的快捷菜单中单击 移除效果... 按钮，弹出【移除效果】对话框，在对话框中勾选需要删除的特效，如图 4.9 所示。

步骤 3： 单击 确定 按钮即可。

2) 视频特效参数关键帧的编辑

视频特效参数的编辑主要包括添加关键帧、删除关键帧和调节参数。

(1) 给视频特效参数添加关键帧。

步骤 1： 在视频轨道中单选需要调节参数的视频素材。

步骤 2： 在【特效控制台】中单击需要添加关键帧的视频特效参数前面的 (动画切换)按钮即可添加一个关键帧。

步骤 3： 如果移动"时间指示器"再调节视频参数，则自动添加关键帧。

(2) 删除视频特效参数的关键帧。

步骤 1： 在视频轨道中单选需要调节参数的视频素材。

步骤 2： 在【特效控制台】中展开视频特效参数面板，框选需要删除的关键帧。

步骤 3： 按键盘上的"Delete"键或"Backspace"键即可。

步骤 4： 单击需要删除关键帧所在参数前面的 (动画切换)按钮，即可将参数中的所有关键帧删除。

(3) 调节视频特效关键帧参数。

步骤 1： 单击需要修改关键帧所在参数右边的 (跳转到前一关键帧)或 (跳转到后一关键帧)按钮，将"时间指示器"移到需要编辑的关键帧上。

步骤 2： 调节关键帧参数即可。

提示： 在调节视频特效参数关键帧时，建议单击 (跳转到前一关键帧)或 (跳转到后一关键帧)按钮，将"时间指示器"移到需要调节参数的关键帧处进行调节。如果使用手动移动"时间指示器"到调节的视频特效参数关键帧的位置处进行编辑，有可能没有移到调节的关键帧上，此时 Premiere Pro CS6 会自动添加关键帧来保存参数，这样不仅没有编辑到关键帧参数，还多添加了一个关键帧。

3) 调节视频特效的顺序

步骤 1： 将光标移到【特效控制台】中需要调节顺序的视频特效上，按住鼠标左键移动鼠标到需要放置的位置时，光标变成 形态，同时出现一条黑色的横线，表示特效放置的位置，如图 4.10 所示。

步骤 2：松开鼠标左键即可，如图 4.11 所示。

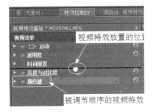

图 4.9　　　　　　　　图 4.10　　　　　　　　图 4.11

视频播放：视频特效的相关操作的详细介绍，请观看配套视频"视频特效的相关操作.wmv"。

4.1.4　举一反三

使用该案例介绍的方法，创建一个名为"视频特效基础举一反三.prproj"节目文件，根据配套资源中提供的素材，制作如下效果并输出命名为"视频特效基础举一反三.flv"文件。

4.2　卷轴画变色效果

4.2.1　影片预览

影片在本书提供的配套素材中的"第 4 章 视频特效基础/最终效果/4.2 卷轴画变色效果.flv"文件中。通过观看影片了解本案例的最终效果。本案例主要介绍卷轴画变色效果的制作、图像控制类视频特效的作用、使用方法和参数介绍。

4.2.2　本案例画面及制作步骤(流程)分析

案例部分画面效果如下：

【参考视频】

案例制作的大致步骤：

创建新项目，导入素材 → 对图像画面进行抠像 → 对图像画面进行变形操作 → 对图像画面进行变色处理

4.2.3 详细操作步骤

案例引入：

(1) "键控"类视频特效的主要作用是什么？包括多少个键控类视频特效？

(2) "扭曲"类视频特效的主要作用是什么？包括多少个扭曲类视频特效？

(3) "色彩校正"类视频特效的主要作用是什么？包括多少个色彩校正类视频特效？

(4) "卷轴画变色效果"制作的原理是什么？

1. 创建新项目和导入素材

步骤 1： 启动 Premiere Pro CS6 软件，创建一个名为 "卷轴画变色效果.prproj" 的项目文件。

步骤 2： 利用前面所学知识导入如图 4.12 所示的素材。

步骤 3： 将导入的素材拖曳到视频轨道中，如图 4.13 所示，在【节目监视器】窗口中效果如图 4.14 所示。

图 4.12

图 4.13

图 4.14

视频播放： 创建新项目和导入素材的详细介绍，请观看配套视频 "创建新项目和导入素材.wmv"。

2. 使用视频特效对图像进行处理

在这里主要使用 "颜色键" "边角固定" "亮度与对比" 和 "色彩平衡" 来制作动态的卷轴画变色效果。具体制作方法如下。

1) 使用 "颜色键" 对视频图像进行抠像

"键控"类视频特效的主要作用是对图像画面进行抠像操作，通过各种抠像和画面叠加来合成不同的场景，或制作出各种无法拍摄的图像画面效果。

"键控"类视频特效主要包括 "16 点无用信号遮罩" "4 点无用信号遮罩" "8 点无用信号遮罩" "Alpha 调整" "RGB 差异键" "亮度键" "图像遮罩键" "差异遮罩" "极致键" "移出遮罩" "色度键" "蓝屏键" "轨道遮罩键" "非红色键" 和 "颜色键" 这 15 个视频抠像效果。在这里使用 "颜色键" 对图像画面进行抠像。

"颜色键"抠像的原理是通过调节指定颜色的宽容度大小进行抠像。具体操作方法如下。

步骤1：将"键控"类视频特效中 [□ 颜色键] 视频特效拖曳到"视频3"轨道中的素材上。

步骤2：单选"视频3"轨道中的素材，在【特效控制台】单击 [主要颜色] 右边的 🖊 (吸管工具)，在【节目监视器】窗口中的黑色位置单击，将 [主要颜色] 设置为黑色。

步骤3：调节 [□ 颜色键] 视频特效参数，具体调节如图4.15所示。在【节目监视器】窗口中的效果如图4.16所示。

提示：各个"键控"类视频特效的作用、使用方法和参数说明请参阅配套素材中赠送的"视频特效参数介绍.Word"文件。

2) 使用"边角固定"视频特效调节视频图像的透视效果

"扭曲"类视频特效的主要作用是通过对图像画面进行各种形式的扭曲变形处理，来改变图像画面的视觉效果。

"扭曲"类视频特效包括"偏移""变换""弯曲""放大""旋转扭曲""波形扭曲""球面化""紊乱置换""边角固定""镜像"和"镜头扭曲"这11个视频特效。在这里，使用"边角固定"视频特效对图像画面进行变形操作。

"边角固定"的变形原理是通过改变图像画面的四个边角来改变其透视效果，具体操作如下。

步骤1：将"扭曲"类视频特效中的 [□ 边角固定] 视频特效拖曳到"视频3"轨道中的素材上。

步骤2：单选"视频3"轨道中的素材，在【特效控制台】中调节 [□ 边角固定] 视频特效的参数，具体调节如图4.17所示。在【节目监视器】窗口中的效果如图4.18所示。

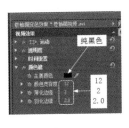

图4.15

图4.16

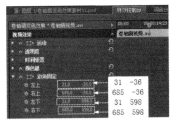

图4.17

提示：各个"扭曲"类视频特效的作用、使用方法和参数说明请参阅配套素材中赠送的"视频特效参数介绍.Word"文件。

3) 使用"亮度与对比度"对视频图像进行亮度和对比的调节

"色彩校正"类视频特效的主要作用是通过调节图像画面的亮度、对比度、色彩以及通道等来对图像画面进行色彩处理，从而弥补图像画面中的某些缺陷或增强图像画面中的视觉效果。

"色彩校正"视频特效包括"亮度与对比度""分色""广播级颜色""更改颜色""染色""色彩均化""色彩平衡""色彩平衡(HLS)""转换颜色"和"通道混合"这10个视频特效。在这里通过"亮度与对比度"来调节图像画面的亮度和对比度。

"亮度与对比度"视频特效主要用来调节图像画面的亮度和对比度。具体操作方法如下。

步骤 1：将"色彩校正"类视频特效中的 亮度与对比度 视频特效拖曳到"视频 3"轨道中的素材上。

步骤 2：单选"视频 3"轨道中的素材，在【特效控制台】中调节 亮度与对比度 视频特效的参数，具体调节如图 4.19 所示。在【节目监视器】窗口中的效果如图 4.20 所示。

图 4.18　　　　　　　　　　图 4.19　　　　　　　　　　图 4.20

提示：各个"色彩校正"类视频特效的作用、使用方法和参数说明请参阅配套素材中赠送的"视频特效参数介绍.Word"文件。

4) 使用"色彩平衡"调节视频图像色调

"色彩平衡"的主要作用是通过调节图像画面的 R(红)、G(绿)、B(蓝)三色的阴影区、高光区和中间区参数实现对图像画面的颜色调节。具体操作方法如下。

步骤 1：将"色彩校正"类视频特效中的 色彩平衡 视频特效拖曳到"视频 3"轨道中的素材上。

步骤 2：单选"视频 3"轨道中的素材，将"时间指示器"移到第 0 帧的位置，在【特效控制台】中调节 色彩平衡 视频特效参数并添加关键帧，具体调节如图 4.21 所示。在【节目监视器】窗口中的效果如图 4.22 所示。

步骤 3：将"时间指示器"移到第 14 秒 2 帧的位置，在【特效控制台】中调节 色彩平衡 视频特效参数且系统自动添加关键帧，具体调节如图 4.23 所示。在【节目监视器】窗口中的效果如图 4.24 所示。

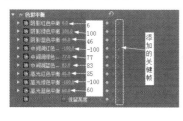

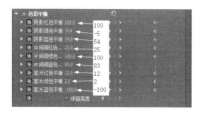

图 4.21　　　　　　　　　　图 4.22　　　　　　　　　　图 4.23

步骤 4：将"时间指示器"移到第 14 秒 20 帧的位置，在【特效控制台】中调节 色彩平衡 视频特效参数且系统自动添加关键帧，具体调节如图 4.25 所示。在【节目监视器】窗口中的效果如图 4.26 所示。

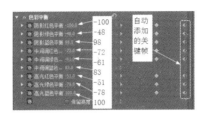

图 4.24   图 4.25   图 4.26

视频播放： 使用视频特效对图像进行处理的详细介绍，请观看配套视频"使用视频特效对图像进行处理.wmv"。

4.2.4 举一反三

使用该案例介绍的方法，创建一个名为"卷轴画变色效果举一反三.prproj"节目文件，根据配套资源中提供的素材，制作如下效果并输出命名为"卷轴画变色效果举一反三.flv"文件。

4.3 过滤颜色

4.3.1 影片预览

影片在本书提供的配套素材中的"第 4 章 视频特效基础/最终效果/4.3 过滤颜色.flv"文件中。通过观看影片了解本案例的最终效果。本案例主要介绍怎样处理图像画面的颜色过滤、图像控制类视频特效和调整类视频特效的作用、使用方法和参数介绍。

4.3.2 本案例画面及制作步骤(流程)分析

案例部分画面效果如下：

【参考视频】

案例制作的大致步骤：

```
创建新项目，    →    对图像画面亮度和    →    对图像画面进行亮    →    对图像画面颜色
导入素材             对比度进行调节           度的调节                过滤进行处理
```

4.3.3　详细操作步骤

案例引入：

(1) "调整"类视频特效的主要作用是什么？包括多少个调整类视频特效？

(2) "图像控制"类视频特效的主要作用是什么？包括多少个图像控制类视频特效？

(3) 对图像进行颜色过滤处理的原理是什么？

1. 创建新项目和导入素材

步骤 1： 启动 Premiere Pro CS6 软件，创建一个名为"过滤颜色.prproj"的项目文件。

步骤 2： 利用前面所学知识导入如图 4.27 所示的素材。

步骤 3： 将导入的素材拖曳到视频轨道中，如图 4.28 所示，在【节目监视器】窗口中的效果如图 4.29 所示。

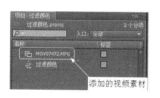　　

图 4.27　　　　　　　　图 4.28　　　　　　　　图 4.29

视频播放： 创建新项目和导入素材的详细介绍，请观看配套视频"创建新项目和导入素材.wmv"。

2. 使用视频特效对图像画面进行颜色过滤处理

1) 使用"亮度与对比度"视频特效对图像画面进行亮度和对比度处理

步骤 1： 在【过滤色】序列窗口中单选"视频 1"轨道中的视频素材。

步骤 2： 在【效果】功能面板中双击"色彩校正"类视频特效中的 亮度与对比度 视频特效，即可给单选的素材添加该视频特效。

步骤 3： 在【特效控制台】中调节"亮度与对比度"视频特效的参数，具体调节如图 4.30 所示。在【节目监视器】窗口中的效果如图 4.31 所示。

2) 使用"自动对比度"视频特效对图像画面进行对比度调节

"调整"类视频特效的主要作用是用来调节图像画面的颜色。

"调整"类视频特效包括"卷积内核""基本信号控制""提取""照明效果""自动对比度""自动色阶""自动颜色""色阶"和"阴影/高光"这 9 种视频特效。下面使用"自动对比度"视频特效来调节图像画面的颜色。

"自动对比度"视频特效主要是对图像画面的对比度进行自动调节，具体操作方法如下。

【参考视频】

步骤 1：在【过滤色】序列窗口中单选"视频 1"轨道中的视频素材。

步骤 2：在【效果】功能面板中双击"调整"类视频特效中的 <kbd>自动对比度</kbd> 视频特效，即可给单选的素材添加该视频特效。

步骤 3：在【特效控制台】中调节"自动对比度"视频特效的参数，具体调节如图 4.32 所示。在【节目监视器】窗口中的效果如图 4.33 所示。

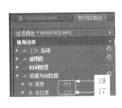

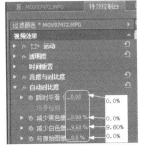

图 4.30　　　　　　　图 4.31　　　　　　　图 4.32　　　　　　　图 4.33

提示：各个"调整"类视频特效的作用、使用方法和参数说明请参阅配套素材中赠送的"视频特效参数介绍.Word"文件。

3）使用"色彩传递"视频特效对图像画面进行色彩过滤

"图像控制"类视频特效的主要作用是用来对图像画面进行色彩的特殊处理。例如：处理一些前期拍摄不足留下的缺陷，通过处理图像画面达到某种预想效果等。

"图像控制"类视频特效包括"灰度系数(Gamma)校正""色彩传递""颜色平衡(RGB)""颜色替换"和"黑白"这 5 种视频特效。下面使用"色彩传递"对图像画面进行调节。

"色彩传递"的主要作用是保持图像画面中指定颜色不变，将指定颜色以外的颜色转化为灰色。具体操作方法如下。

步骤 1：在【过滤色】序列窗口中单选"视频 1"轨道中的视频素材。

步骤 2：在【效果】功能面板中双击"图像控制"类视频特效中的 <kbd>色彩传递</kbd> 视频特效，即可给单选的素材添加该视频特效。

步骤 3：在【特效控制台】中单击 <kbd>颜色</kbd> 参数右边的 (吸管工具)，在【节目监视器】窗口中单击画面中需要保留的颜色任意位置或单击 颜色框来设置保留颜色。设置"色彩传递"视频特效参数，具体设置如图 4.34 所示。在【节目监视器】窗口中的效果如图 4.35 所示。

提示：各个"图像控制"类视频特效的作用、使用方法和参数说明请参阅配套素材中赠送的"视频特效参数介绍.Word"文件。

图 4.34　　　　　　　　　　　　　图 4.35

视频播放： 使用视频特效对图像画面进行颜色过滤处理的详细介绍，请观看配套视频"使用视频特效对图像画面进行颜色过滤处理.wmv"。

4.3.4　举一反三

使用该案例介绍的方法，创建一个名为"过滤颜色举一反三.prproj"的节目文件，根据配套资源中提供的素材，制作如下效果并输出命名为"过滤颜色举一反三.flv"文件。

4.4　画　面　变　形

4.4.1　影片预览

影片在本书提供的配套素材中的"第 4 章　视频特效基础/最终效果/4.4 画面变形.flv"文件中。通过观看影片了解本案例的最终效果。本案例主要介绍怎样对画面进行变形处理、扭曲类视频特效中的"边角固定"视频特效的作用和使用方法。

4.4.2　本案例画面及制作步骤(流程)分析

案例部分画面效果如下：

案例制作的大致步骤：

创建新项目，导入素材　➡　对图像画面进行变形处理

【参考视频】

4.4.3　详细操作步骤

案例引入：

(1)　图像变形处理的原理是什么？

(2)　"边角固定"的作用和参数设置。

(3)　怎样使视频轨道中图像画面在【节目监视器】窗口中显示或隐藏？

1.　创建新项目和导入素材

步骤 1： 启动 Premiere Pro CS6 软件，创建一个名为"画面变形.prproj"的项目文件。

步骤 2： 利用前面所学知识导入如图 4.36 所示的素材。

步骤 3： 将导入的素材拖曳到视频轨道中，如图 4.37 所示，在【节目监视器】窗口中的效果如图 4.38 所示。

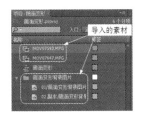

图 4.36　　　　　　　　　　　图 4.37　　　　　　　　　　　图 4.38

视频播放： 创建新项目和导入素材的详细介绍，请观看配套视频"创建新项目和导入素材.wmv"

2.　使用视频特效对图像画面进行变形处理

画面变形效果的制作主要通过"扭曲"类视频特效中的"边角固定"视频特效来实现。"边角固定"视频特效的主要作用是通过改变图像画面的四个边角来改变图像画面的透视效果。具体操作方法如下。

1)　对"视频 3"视频轨道中的图像画面进行变形处理

步骤 1： 单击"视频 4"轨道标题处的 ■ (切换轨道输出)按钮，暂时隐藏"视频 4"轨道中的图像画面在【节目监视器】窗口中的显示。

步骤 2： 单选"视频 3"轨道中的素材，在【效果】功能面板中双击"扭曲"类视频特效中的 ■ 边角固定 视频特效，即可给选定的素材添加该特效。

步骤 3： 在【特效控制台】面板中设置"边角固定"视频特效的参数，具体设置如图 4.39 所示。在【节目监视器】窗口中的效果如图 4.40 所示。

提示： 一般情况下，先在【特效控制台】面板中单击 ▼ ▲ □ 边角固定 中的 边角固定 标题。此时，在【节目监视器】窗口中出现供调节的 4 个 ■ (边角点)图标，如图 4.41 所示。将光标移到 ■ (边角点)图标上，按住鼠标左键进行位置调节，调节好之后，再在【特效控制台】面板中进行数字的微调。

【参考视频】

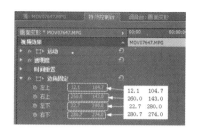

图 4.39　　　　　　　　　　图 4.40　　　　　　　　　　图 4.41

2) 对"视频 4"视频轨道中的图像画面进行变形处理

步骤 1：单击"视频 4"轨道前面的▨(切换轨道输出)按钮，变成▨形态按钮。此时，"视频 4"轨道中图像画面在【节目监视器】窗口中显示。

步骤 2：单选"视频 4"轨道中的素材，在【效果】功能面板中双击"扭曲"类视频特效中的▨边角固定视频特效，即可给选定的素材添加该特效。

步骤 3：在【特效控制台】面板中设置"边角固定"视频特效的参数，具体设置如图 4.42 所示。在【节目监视器】窗口中的效果如图 4.43 所示。

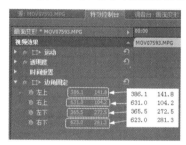

图 4.42　　　　　　　　　　　　　　图 4.43

视频播放：使用视频特效对图像画面进行变形处理的详细介绍，请观看配套视频"使用视频特效对图像画面进行变形处理.wmv"。

4.4.4　举一反三

使用该案例介绍的方法，创建一个名为"画面变形举一反三.prproj"节目文件，根据配套资源中提供的素材，制作如下效果并输出命名为"画面变形举一反三.flv"文件。

4.5　幻　影　效　果

4.5.1　影片预览

　　影片在本书提供的配套素材中的"第4章 视频特效基础/最终效果/4.5 幻影效果.flv"文件中。通过观看影片了解本案例的最终效果。本案例主要介绍使用"残像"视频特效来制作幻影效果、"模糊与锐化"类视频特效的作用和使用方法。

4.5.2　本案例画面及制作步骤(流程)分析

　　案例部分画面效果如下：

　　案例制作的大致步骤：

创建新项目，导入素材　➡　对图像画面进行亮度、对比度和变形操作　➡　给动态图像画面制作幻影效果

4.5.3　详细操作步骤

　　案例引入：

　　(1)"模糊与锐化"类视频特效主要包括多少个？"模糊与锐化"类的各个视频特效有什么作用？主要应用在哪些场合？

　　(2)"残像"视频特效的作用和使用方法是什么？

　　(3)幻影效果制作的原理是什么？

　　1.　创建新项目和导入素材

　　步骤1：启动 Premiere Pro CS6 软件，创建一个名为"幻影效果.prproj"的项目文件。

　　步骤2：利用前面所学知识导入如图 4.44 所示的素材。

　　步骤3：将导入的素材拖曳到视频轨道中，如图 4.45 所示，在【节目监视器】窗口中的效果如图 4.46 所示。

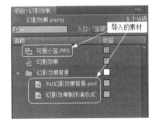  

图 4.44　　　　　　　　　图 4.45　　　　　　　　　图 4.46

视频播放：创建新项目和导入素材的详细介绍，请观看配套视频"创建新项目和导入素材.wmv"。

2．使用视频特效制作幻影效果

该幻影效果的制作主要使用"边角固定""亮度与对比度"和"残像"视频特效来制作。具体制作方法如下。

1）使用"边角固定"视频特效对画面进行透视制作

步骤 1：单选"视频 3"轨道中的素材。

步骤 2：在【效果】窗口中双击"扭曲"类视频特效中的 边角固定 视频特效即可给选定的素材画面添加该视频特效。

步骤 3：在【特效控制台】中设置"边角固定"视频特效的参数，具体设置如图 4.47 所示。在【节目监视器】窗口中的效果如图 4.48 所示。

2）使用"亮度与对比度"视频特效调节画面的亮度与对比度

从【节目监视器】窗口中的显示可以看出，图像画面的亮度和对比度不够，需要提高图像画面的亮度和对比度，在这里使用"亮度与对比度"视频特效来实现。具体操作方法如下。

步骤 1：单选"视频 1"轨道中的素材。

步骤 2：在【效果】窗口中双击"色彩校正"类视频特效中的 亮度与对比度 视频特效，即可给选定的素材画面添加视频特效。

步骤 3：在【特效控制台】中设置"亮度与对比度"视频特效的参数，具体设置如图 4.49 所示。在【节目监视器】窗口中的效果如图 4.50 所示。

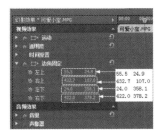  

图 4.47　　　　　　　　　　图 4.48　　　　　　　　　　图 4.49

步骤 4：单选"视频 3"轨道中的素材。

步骤 5：在【效果】窗口中双击"色彩校正"类视频特效中的 亮度与对比度 视频特效，即可给选定的素材画面添加视频特效。

步骤 6：在【特效控制台】中设置"亮度与对比度"视频特效的参数，具体设置如图 4.51 所示。在【节目监视器】窗口中的效果如图 4.52 所示。

图 4.50　　　　　　　　　　图 4.51　　　　　　　　　　图 4.52

3) 使用"残像"视频特效制作幻影效果

"模糊与锐化"类视频特效主要作用是通过对图像画面进行各种模糊与锐化处理，实现不同的艺术特技。

"模糊与锐化"类视频特效包括"快速模糊""摄像机模糊""方向模糊""残像""消除锯齿""混合模糊""通道模糊""锐化""非锐化遮罩"和"高斯模糊"这 10 种视频特效。在这里使用"残像"视频特效来制作幻影效果。

"残像"视频特效的主要作用是通过对图像画面中对比度较大的颜色做平滑过渡处理来实现幻影特技效果。具体操作方法如下。

步骤 1：单选"视频 3"轨道中的素材。

步骤 2：在【效果】窗口中双击"模糊与锐化"类视频特效中的 🔲残像 视频特效，即可给选定的素材画面添加视频特效。在【节目监视器】窗口中的效果如图 4.53 所示。

步骤 3：从预览效果可以看出，幻影效果不够强烈，需要再次给选定的素材画面添加视频特效。添加的视频效果在【特效控制台】中的效果如图 4.54 所示。在【节目监视器】窗口中的效果如图 4.55 所示。

提示：各个"模糊与锐化"类视频特效的作用、使用方法和参数说明请参阅配套素材中赠送的"视频特效参数介绍.Word"文件。

图 4.53　　　　　　　　　图 4.54　　　　　　　　　图 4.55

提示："残像"视频特效没有任何参数可以设置。双击添加该特效之后，系统会自动产生模糊效果。如果添加一次"残像"视频特效达不到要求，可以进行多次添加。

视频播放：使用视频特效制作幻影效果的详细介绍，请观看配套视频"使用视频特效制作幻影效果.wmv"

4.5.4　举一反三

使用该案例介绍的方法，创建一个名为"幻影效果举一反三.prproj"的节目文件，根据配套资源中提供的素材，制作如下效果并输出命名为"幻影效果举一反三.flv"文件。

【参考视频】

4.6 倒影效果

4.6.1 影片预览

影片在本书提供的配套素材中的"第 4 章 视频特效基础/最终效果/4.6 倒影效果.flv"文件中。通过观看影片了解本案例的最终效果。本案例主要介绍使用"镜像""线性擦除""剪裁"和"灯光特效"视频特效来制作倒影效果。

4.6.2 本案例画面及制作步骤(流程)分析

案例部分画面效果如下:

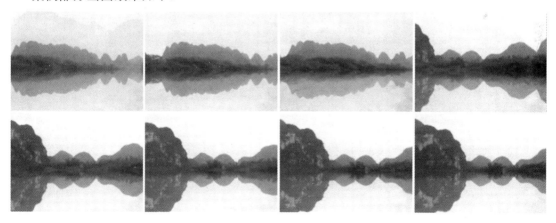

案例制作的大致步骤:

创建新项目,导入素材 ➡ 对动态图像画面进行镜像操作 ➡ 对图像画面进行裁剪、擦除和照明操作

4.6.3　详细操作步骤

案例引入：

(1) "过渡"类视频特效包括多少个？"过渡"类的各个视频特效有什么作用？主要应用在哪些场合？

(2) "照明效果"视频特效的作用和使用方法。

(3) "线性擦除"视频特效的作用和使用方法。

(4) "镜像"视频特效的作用和使用方法。

(5) "变换"类视频特效包括多少个？"变换"类的各个视频特效有什么作用？主要用在哪些场合。

(6) 倒影效果制作的原理是什么。

1.　创建新项目和导入素材

步骤 1： 启动 Premiere Pro CS6 软件，创建一个名为"倒影效果.prproj"的项目文件。

步骤 2： 利用前面所学知识导入如图 4.56 所示的素材。

步骤 3： 将导入的素材拖曳到视频轨道中，如图 4.57 所示，在【节目监视器】窗口中的效果如图 4.58 所示。

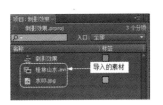　　

图 4.56　　　　　　　　　　　图 4.57　　　　　　　　　　　图 4.58

视频播放： 创建新项目和导入素材的详细介绍，请观看配套视频"创建新项目和导入素材.wmv"。

2.　使用视频特效制作倒影效果

该幻影效果的制作主要使用"镜像""剪裁"和"灯光特效"视频特效来制作。具体制作方法如下。

1) 使用"镜像"视频特效给视频制作倒影效果

"镜像"视频特效的主要作用是按指定的方向和角度对图像画面进行镜像处理。在这里使用"镜像"视频特效来制作镜像效果，具体操作方法如下。

步骤 1： 单击"视频 2"视频轨道前面的■(切换轨道输出)按钮，暂时将"视频 2"轨道中的素材隐藏。

步骤 2： 单选"视频 1"轨道中的素材，在【效果】面板中双击"扭曲"类视频特效中的■ 镜像视频特效，即可给单选的视频添加该视频特效。

【参考视频】

步骤 3：在【特效控制台】面板中调节"镜像"视频特效的参数，如图 4.59 所示。

2）使用"剪裁"视频特效制作水的效果

"变换"类视频特效的主要作用是使图像画面产生二维或三维的几何变化。

"变换"类视频特效包括"垂直保持""垂直翻转""摄像机视图""水平保持""水平翻转""羽化边缘"和"裁剪"这 5 个视频特效。在这里使用"裁剪"视频特效对图像画面进行裁剪。

"裁剪"视频特效的主要作用是根据参数设置对图像画面的四周进行修剪，还可以将修剪之后的素材画面自动调整到屏幕尺寸。具体操作方法如下。

步骤 1：单击"视频 2"视频轨道前面的 ▨(切换轨道输出)按钮，该按钮变成 👁(切换轨道输出)按钮状态，使"视频 2"轨道中的素材在【节目监视器】窗口中显示，效果如图 4.60 所示。

步骤 2：单选"视频 2"轨道中的素材，在【效果】面板中双击 🔲裁剪 视频特效，即可给单选的素材添加该视频特效。

步骤 3：在【特效控制台】面板中调节"裁剪"视频特效的参数，具体调节如图 4.61 所示。在【节目监视器】窗口中的效果如图 4.62 所示。

提示：各个"变换"类视频特效的作用、使用方法和参数说明请参阅配套素材中赠送的"视频特效参数介绍.Word"文件。

图 4.59　　　　　　　　图 4.60

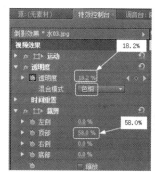

图 4.61

3）使用"线性擦除"视频特效增加裁剪位置的羽化效果

"过渡"类视频特效通过采用转场特效的方法对图像画面进行处理，以达到某种特殊的图像画面效果。使用"过渡"类视频特效可以实现前后图像画面的转换效果。但该类特效只对当前图像有效。如果要实现前后图像画面的流畅过渡，需要将两段图像分别放在上下两个视频轨道中，再通过参数调节才能实现流畅过渡。

"过渡"类视频特效包括"块溶解""径向擦除""渐变擦除""百叶窗"和"线性擦除"这 5 种特效。下面使用"线性擦除"视频特效来调节裁剪素材位置的羽化效果。

"线性擦除"视频特效的主要作用是以设定的角度为起点对图像画面进行线性透明擦除处理，并显示出下面轨道中的图像画面。具体操作方法如下。

步骤 1：单选"视频 2"视频轨道中的素材。

步骤 2：在【效果】面板中双击"过渡"类视频特效中的 🔲线性擦除 视频特效，即可给单选的素材添加该特效。

步骤 3：在【特效控制台】面板中设置"线性擦除"视频特效的参数，具体设置如图 4.63 所示。在【节目监视器】窗口中的效果如图 4.64 所示。

 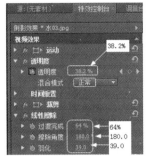 

图 4.62 图 4.63 图 4.64

提示：各个"过渡"类视频特效的作用、使用方法和参数说明请参阅配套素材中赠送的"视频特效参数介绍.Word"文件。

4) 使用"照明效果"视频特效调节水的亮度

"照明效果"视频特效的主要作用是模拟灯光照射到图像画面的效果，灯光颜色可以调节，最多可以模拟 5 盏灯光照明。"照明效果"视频特效的具体使用方法如下。

步骤 1：单选"视频 2"轨道中的素材。

步骤 2：在【效果】面板中双击"调整"类视频特效中的 照明效果 视频特效，即可给单选的素材添加该特效。

步骤 3：在【特效控制台】面板中设置"照明效果"视频特效的参数，具体设置如图 4.65 所示。在【节目监视器】窗口中的效果如图 4.66 所示。

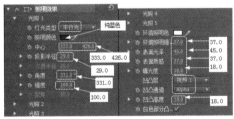  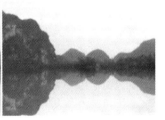

图 4.65 图 4.66

视频播放：使用视频特效制作倒影效果的详细介绍，请观看配套视频"使用视频特效制作倒影效果.wmv"。

4.6.4 举一反三

使用该案例介绍的方法，创建一个名为"倒影效果举一反三.prproj"的节目文件，根据配套资源中提供的素材，制作如下效果并输出命名为"倒影效果举一反三.flv"文件。

【参考视频】

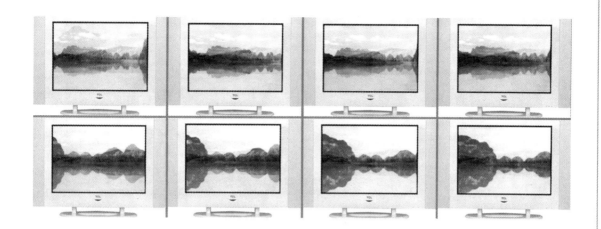

4.7　重复画面效果

4.7.1　影片预览

影片在本书提供的配套素材中的"第 4 章 视频特效基础/最终效果/4.7 重复画面效果.flv"文件中。通过观看影片了解本案例的最终效果。本案例主要介绍使用"蓝屏键""颜色键"和"复制"视频特效来制作重复画面效果。

4.7.2　本案例画面及制作步骤(流程)分析

案例部分画面效果如下：

案例制作的大致步骤：

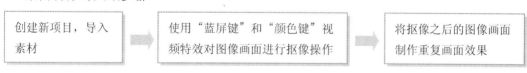

4.7.3　详细操作步骤

案例引入：

(1)"风格化"类视频特效包括多少个？"风格化"类的各个视频特效有什么作用？主要应用在哪些场合？

(2)"颜色键"视频特效抠像的原理是什么？

(3)"蓝屏键"视频特效抠像的原理是什么？

(4) "复制" 视频特效的作用和使用方法？

(5) "重复画面效果" 的制作原理是什么？

1. 创建新项目和导入素材

步骤 1： 启动 Premiere Pro CS6 软件，创建一个名为 "重复画面效果.prproj" 的项目文件。

步骤 2： 利用前面所学知识导入如图 4.67 所示的素材。

步骤 3： 将导入的素材拖曳到视频轨道中，如图 4.68 所示，在【节目监视器】窗口中的效果如图 4.69 所示。

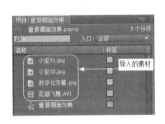  

图 4.67   图 4.68   图 4.69

> **视频播放：** 创建新项目和导入素材的详细介绍，请观看配套视频 "创建新项目和导入素材.wmv"

2. 使用视频特效制作重复画面效果

1) 使用 "蓝屏健" 视频特效对图像画面进行抠像

"蓝屏键" 视频特效的主要作用是将图像画面中蓝色部分变为透明，从而显示出下面轨道中的素材画面。具体操作方法如下。

步骤 1： 单选 "视频 4" 轨道中的素材。

步骤 2： 在【效果】面板中双击 "键控" 类视频特效中的 🔲 蓝屏键 视频特效，即可给单选的素材添加该视频特效。

步骤 3： 在【特效控制台】面板中设置 "蓝屏键" 的参数，具体设置如图 4.70 所示。

步骤 4： 单选 "视频 2" 轨道中的素材。

步骤 5： 在【效果】面板中双击 "键控" 类视频特效中的 🔲 蓝屏键 视频特效，即可给单选的素材添加该视频特效。

步骤 6： 在【特效控制台】面板中设置 "蓝屏键" 的参数，具体设置如图 4.71 所示。

2) 使用 "颜色键" 对图像画面进行抠像

"颜色键" 的主要作用是通过调节指定颜色的宽容度大小进行抠像。具体操作方法如下。

步骤 1： 单选 "视频 3" 轨道中的素材。

步骤 2： 在【效果】面板中双击 "键控" 类视频特效中的 🔲 颜色键 视频特效，即可给单选的素材添加该视频特效。

步骤 3： 在【特效控制台】面板中设置 "颜色键" 的参数，具体设置如图 4.72 所示。

【参考视频】

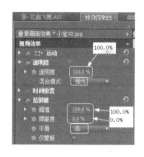
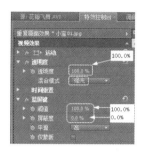
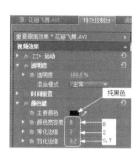

图 4.70　　　　　　　　　图 4.71　　　　　　　　　图 4.72

3) 使用"复制"视频特效制作重复画面效果

"风格化"类视频特效的主要作用是通过改变图像画面的像素或者对图像画面的色彩进行处理，可以制作出各种抽象派或者印象派的视觉效果，也可以模拟其他类型的艺术效果。例如浮雕和素描等视觉效果。

"风格化"类视频特效包括"Alpha 辉光""复制""彩色浮雕""曝光过渡""材质""查找边缘""浮雕""笔触""色调分离""边缘粗糙""闪光灯""阈值"和"马赛克"这 13 种视频特效。在这里使用"复制"来制作重复画面效果。

"复制"视频特效的主要作用是将图像画面划分为多个区域，在每个区域内部显示源图像画面的完整内容。具体操作方法如下。

步骤 1： 将"时间指示器"移到第 0 帧的位置。

步骤 2： 单选"视频 2"轨道中的素材。

步骤 3： 在【效果】面板中双击"风格化"类视频特效中的 复制 视频特效，即可给单选的素材添加该视频特效。

步骤 4： 在【特效控制台】面板中设置"复制"视频特效的参数并给设置的参数添加关键帧，具体设置如图 4.73 所示。在【节目监视器】窗口中的效果如图 4.74 所示。

步骤 5： 将"时间指示器"移到第 8 秒 9 帧的位置，在【特效控制台】面板中设置"复制"视频特效中的"计数"参数值为"5"，在【节目监视器】窗口中的效果如图 4.75 所示。

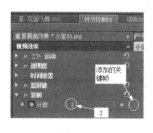

图 4.73　　　　　　　　　图 4.74　　　　　　　　　图 4.75

提示： 各个"风格化"类视频特效的作用、使用方法和参数说明请参阅配套素材中赠送的"视频特效参数介绍.Word"文件。

4) 调节素材的缩放参数来制作缩放运动

步骤 1： 将"时间指示器"移到第 0 帧的位置，单选"视频 4"轨道中的素材。

步骤2：在【特效控制台】面板中单击 缩放 左侧的 ⏱（切换动画）按钮，给 缩放 参数添加关键帧。设置缩放的数值为"100"。

步骤3：将"时间指示器"移到第8秒9帧的位置，将 缩放 参数的数值调节为"17"。

步骤4：完成重复画面效果的制作，输出节目文件。

视频播放：使用视频特效制作重复画面效果的详细介绍，请观看配套视频"使用视频特效制作重复画面效果.wmv"。

4.7.4 举一反三

使用该案例介绍的方法，创建一个名为"重复画面效果举一反三.prproj"的节目文件，根据配套资源中提供的素材，制作如下效果并输出命名为"重复画面效果举一反三.flv"文件。

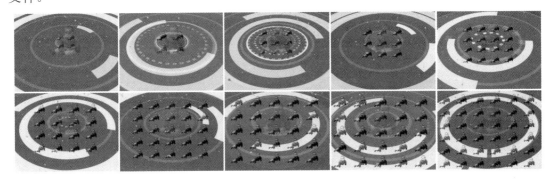

4.8 水墨山水画效果

4.8.1 影片预览

影片在本书提供的配套素材中的"第4章 视频特效基础/最终效果/4.8 水墨山水画效果.flv"文件中。通过观看影片了解本案例的最终效果。本案例主要介绍使用"图像控制"类、"模糊与锐化"类、"透视"类和"键控"类视频特效来制作水墨山水画效果。

4.8.2 本案例画面及制作步骤(流程)分析

案例部分画面效果如下：

【参考视频】

案例制作的大致步骤：

创建新项目，导入素材　➡　介绍制作水墨山水画效果的流程　➡　讲解制作水墨山水画效果的具体操作　➡　讲解画面装裱

4.8.3　详细操作步骤

案例引入：

(1) 水墨山水画效果制作的流程。

(2) 怎样综合应用各种视频类特效？

(3) "透视"类视频特效包括哪几个，"透视"类视频特效主要应用在哪些场合？

(4) "锐化"视频特效的作用和使用方法。

(5) "高斯模糊"视频特效的作用和使用方法。

(6) 怎样制作"装裱条"。

1. 创建新项目和导入素材

步骤 1：启动 Premiere Pro CS6 软件，创建一个名为"水墨山水画效果.prproj"的项目文件。

步骤 2：利用前面所学知识导入如图 4.76 所示的素材。

步骤 3：将导入的素材拖曳到视频轨道中，如图 4.77 所示，在【节目监视器】窗口中的效果如图 4.78 所示。

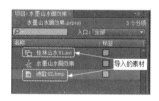

图 4.76　　　　　　　　　图 4.77

图 4.78

视频播放：创建新项目和导入素材的详细介绍，请观看配套视频"创建新项目和导入素材.wmv"。

2. 制作水墨山水画效果的流程

(1) 根据要求收集素材。

(2) 使用"图像控制"类视频特效中的"黑白"视频特效，将素材画面转换为黑白图像画面。

(3) 使用"模糊与锐化"类视频特效中的"锐化"视频特效，对转换为黑白的图像画面进行边缘锐化处理。

(4) 使用"模糊与锐化"类视频特效中的"高斯模糊"视频特效，对锐化处理之后的图像画面进行适当的模糊处理，从而模拟出水墨山水画的效果。

(5) 使用"键控"类视频特效中的"蓝屏键"视频特效对文字图像进行抠像处理。

(6) 使用"透视"类视频特效中的"投影"视频特效给文字添加投影效果。

(7) 将处理后的图像画面和文字图像进行合成即可。

视频播放：制作水墨山水画效果的流程的详细介绍，请观看配套视频"制作水墨山水画效果的流程.wmv"。

3．制作水墨山水画效果的具体操作

1) 使用"黑白"视频特效将图像画面处理成黑白图像画面

"黑白"视频特效的主要作用是直接将彩色图像画面转换为灰度图像，不同深度的颜色呈现出不同的灰度。该视频特效没有参数设置。具体操作如下。

单选"视频 1"轨道中的素材，在【效果】面板中双击"图像控制"类视频特效中的 黑白 视频特效，即可给单选的素材添加该视频特效。在【节目监视器】窗口中的效果如图 4.79 所示。

2) 使用"模糊与锐化"类中的视频特效对图像画面进行锐化和模糊处理

"锐化"视频特效的主要作用是通过增加图像中相邻像素的对比度，从而达到提高图像画面清晰度的效果。具体操作方法如下。

步骤 1：单选"视频 1"轨道中的素材。

步骤 2：在【效果】面板中双击两次"模糊与锐化"类视频特效中的 锐化 视频特效，即可给单选的素材添加两次该视频特效。

步骤 3：在【特效控制台】面板中调节"锐化"视频特效的参数，具体调节如图 4.80 所示。在【节目监视器】窗口中的效果如图 4.81 所示。

图 4.79

图 4.80

图 4.81

"高斯模糊"视频特效的主要作用是通过对图像画面进行高斯运算产生模糊效果。具体操作方法如下。

步骤 1：单选"视频 1"轨道中的素材。

步骤 2：在【效果】面板中双击"模糊与锐化"类视频特效中的 高斯模糊 视频特效，即可给单选的素材添加该视频特效。

步骤 3：在【特效控制台】面板中调节"高斯模糊"视频特效的参数，具体调节如图 4.82 所示。在【节目监视器】窗口中的效果如图 4.83 所示。

【参考视频】

3) 使用"蓝屏键"对题词进行抠像

"蓝屏键"视频特效的主要作用是将图像画面中的蓝色部分变为透明，从而显示出下面轨道中的图像画面。具体操作方法如下。

步骤 1：单选"视频 2"轨道中的素材。

步骤 2：在【效果】面板中双击"键控"类视频特效中的 ▣ 蓝屏键 视频特效，即可给单选的素材添加该视频特效。

步骤 3：在【特效控制台】中调节"蓝屏键"视频特效的参数和素材的位置，具体调节如图 4.84 所示。在【节目监视器】窗口中的效果如图 4.85 所示。

图 4.82　　　　　　图 4.83　　　　　　图 4.84　　　　　　图 4.85

4) 使用"投影"视频特效给题词素材添加投影效果

"透视"类视频特效的主要作用是将图像画面制作成三维立体效果和空间效果。

"透视"类视频特效包括"基本 3D""径向阴影""投影""斜角边"和"斜面 Alpha"这 5 个视频特效。下面使用"投影"视频特效给题词素材添加投影效果。

"投影"视频特效的主要作用是给图像画面添加阴影效果。具体操作方法如下。

步骤 1：单选"视频 2"轨道中的素材。

步骤 2：在【效果】面板中双击"透视"类视频特效中的 ▣ 投影 视频特效，即可给单选的素材添加该视频特效。

步骤 3：在【特效控制台】中调节"投影"视频特效的参数和素材的位置，具体调节如图 4.86 所示。在【节目监视器】窗口中的效果如图 4.87 所示。

提示：各个"透视"类视频特效的作用、使用方法和参数说明请参阅配套素材中赠送的"视频特效参数介绍.Word"文件。

图 4.86　　　　　　　　　　　　图 4.87

视频播放：制作水墨山水画效果的具体操作的详细介绍，请观看配套视频 "制作水墨山水画效果的具体操作.wmv"。

4. 画面装裱

画面装裱主要使用彩色遮罩来实现。具体操作方法如下。

步骤 1：单击【项目】窗口下的 (新建分页)按钮，在弹出的下拉菜单中单击 颜色遮罩... 命令，弹出【新建彩色蒙板】对话框，具体设置如图 4.88 所示。

步骤 2：单击 确定 按钮，弹出【颜色拾取】对话框，调节颜色如图 4.89 所示。

步骤 3：单击 确定 按钮，跳转到【选择名称】对话框，设置对话框如图 4.90 所示。

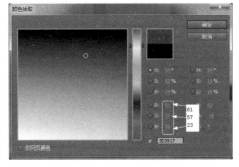

图 4.88   图 4.89   图 4.90

步骤 4：单击 确定 按钮，创建一张 "装裱条" 图片。

步骤 5：将【项目】窗口中的 "装裱条" 图片拖曳到 "视频 3" 视频轨道中，在【特效控制台】面板中设置参数，具体设置如图 4.91 所示。

步骤 6：再将【项目】窗口中的 "装裱条" 图片拖曳到 "视频 3" 轨道上方的空白处，自动增加一个 "视频 4" 视频轨道放置 "装裱条" 图片，在【特效控制台】面板中设置参数，具体设置如图 4.92 所示。在【节目监视器】窗口中的效果如图 4.93 所示。

图 4.91   图 4.92   图 4.93

步骤 7：将制作完成的项目文件，根据用户要求进行输出。

视频播放：画面装裱的详细介绍，请观看配套视频 "画面装裱.wmv"。

4.8.4 举一反三

使用该案例介绍的方法，创建一个名为 "水墨山水画举一反三.prproj" 的节目文件，

【参考视频】   【参考视频】

根据配套资源中提供的素材，制作如下效果并输出命名为"水墨山水画举一反三.flv"文件。

4.9　滚动画面效果

4.9.1　影片预览

影片在本书提供的配套素材中的"第 4 章 视频特效基础/最终效果/4.9 滚动画面效果.flv"文件中。通过观看影片了解本案例的最终效果。本案例主要介绍使用"变换"和"扭曲"类视频特效的相关特效以及序列嵌套来制作滚动画面效果。

4.9.2　本案例画面及制作步骤(流程)分析

案例部分画面效果如下：

案例制作的大致步骤：

创建新项目，导入素材	⇒	介绍制作滚动画面效果的基本流程	⇒	讲解制作滚动视频画面效果的详细操作步骤

4.9.3　详细操作步骤

案例引入：

(1) 怎样制作滚动画面效果？

(2) 怎样进行序列文件嵌套？

(3) 怎样进行视频特效的综合应用？

1．创建新项目和导入素材

步骤 1：启动 Premiere Pro CS6 软件，创建一个名为"滚动画面效果.prproj"的项目文件。

步骤 2：利用前面所学知识导入如图 4.94 所示的素材。

步骤 3：将导入的素材拖曳到视频轨道中，如图 4.95 所示。在【节目监视器】窗口中的效果如图 4.96 所示。

图 4.94

图 4.95

图 4.96

> **视频播放：** 创建新项目和导入素材的详细介绍，请观看配套视频"创建新项目和导入素材.wmv"。

2. 制作滚动画面效果的基本流程

(1) 根据要求收集素材。

(2) 将视频素材拖曳到序列窗口中，再使用"变换"类视频特效中的"垂直保持"视频特效制作滚动效果。

(3) 创建新序列，将背景图片和以前的序列分别拖曳到刚创建的序列窗口中的"视频 1"和"视频 2"视频轨道中。

(4) 使用"扭曲"类视频特效中的"边角固定"视频特效对"视频 2"视频轨道中的序列进行边角固定。

> **视频播放：** 制作滚动画面效果的基本流程的详细介绍，请观看配套视频"制作滚动画面效果的基本流程.wmv"。

3. 制作滚动视频画面效果的详细操作步骤

1) 使用"垂直保持"视频特效制作滚动画面

"垂直保持"视频特效的主要作用是将图像画面保持在垂直方向上滚动。该视频特效没有参数设置。具体操作方法如下。

步骤 1： 单选"视频 1"轨道中的素材。

步骤 2： 在【效果】面板中双击"变换"类视频特效中的 垂直保持 视频特效，即可给单选的视频素材添加该视频特效。在【节目监视器】窗口中的效果如图 4.97 所示。

2) 创建新序列和序列嵌套

步骤 1： 在菜单栏中单击 文件(F) → 新建(N) → 序列(S)... 命令(或按键盘上的"Ctrl+N"组合键)，弹出【新建序列】对话框，将序列名称命名为"滚动画面嵌套"，其他参数设置如图 4.98 所示。单击 确定 按钮即可创建一个新序列，如图 4.99 所示。

步骤 2： 将背景图片和"滚动画面效果"序列拖曳到"滚动画嵌套"序列中，如图 4.100 所示。

步骤 3： 单选"视频 2"轨道中的嵌套序列文件。在【效果】面板中双击"扭曲"类视频特效中的 边角固定 视频特效，即可给单选的视频素材添加该视频特效。

步骤 4： 在【特效控制台】面板中设置参数，具体设置如图 4.101 所示。在【节目监视器】窗口中的效果如图 4.102 所示。

【参考视频】　　　【参考视频】

图 4.97

图 4.98

图 4.99

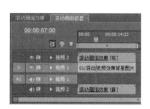
图 4.100

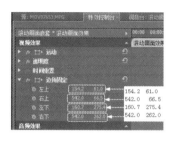
图 4.101

图 4.102

视频播放： 制作滚动视频画面效果的详细操作步骤的详细介绍，请观看配套视频"制作滚动视频画面效果的详细操作步骤.wmv"。

4.9.4　举一反三

使用该案例介绍的方法，创建一个名为"滚动画面效果举一反三.prproj"的节目文件，根据配套资源中提供的素材，制作如下效果并输出命名为"滚动画面效果举一反三.flv"文件。

4.10　局部马赛克效果

4.10.1　影片预览

影片在本书提供的配套素材中的"第 4 章　视频特效基础/最终效果/4.10 局部马赛克效果.flv"文件中。通过观看影片了解本案例的最终效果。本案例主要介绍使用"裁剪"和"马赛克"视频特效相结合来制作局部马赛克效果。

【参考视频】

4.10.2 本案例画面及制作步骤(流程)分析

案例部分画面效果如下:

案例制作的大致步骤:

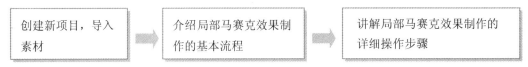

4.10.3 详细操作步骤

案例引入:

(1) 局部马赛克效果的制作原理。

(2) 局部马赛克效果的制作流程。

(3) "变换"类视频特效中的"裁剪"视频特效和"风格化"类视频特效中的"马赛克"视频特效的综合应用的方法与技巧。

1. 创建新项目和导入素材

步骤 1: 启动 Premiere Pro CS6 软件,创建一个名为"局部马赛克.prproj"的项目文件。

步骤 2: 利用前面所学知识导入如图 4.103 所示的素材。

步骤 3: 将导入的素材拖曳到视频轨道中,如图 4.104 所示。在【节目监视器】窗口中的效果如图 4.105 所示。

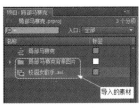

图 4.103　　　　　　　图 4.104　　　　　　　图 4.105

视频播放: 创建新项目和导入素材的详细介绍,请观看配套视频"创建新项目和导入素材.wmv"。

2. 局部马赛克效果制作的基本流程

(1) 根据要求收集素材。

【参考视频】

(2) 将视频素材拖曳到序列窗口中，使用"扭曲"类视频特效中的"边角固定"对图像画面进行变形处理。

(3) 使用"变换"类视频特效中的"裁剪"视频特效进行裁剪。

(4) 使用"风格化"类视频特效中"马赛克"视频特效对裁剪的图像画面进行马赛克处理。

视频播放：局部马赛克效果制作的基本流程的详细介绍，请观看配套视频"局部马赛克效果制作的基本流程.wmv"。

3. 局部马赛克效果制作的详细操作步骤

1) 使用"边角固定"视频特效对图像画面进行变形处理

步骤 1：单选"视频 2"轨道中的素材。

步骤 2：在【效果】面板中双击"扭曲"类视频特效中的 边角固定 视频特效，即可给单选的素材添加该视频特效。

步骤 3：在【特效控制台】面板中调节"边角固定"视频特效的参数，具体调节如图 4.106 所示。在【节目监视器】窗口中的效果如图 4.107 所示。

步骤 4：再将视频素材拖曳到"视频 3"轨道中，复制"视频 2"轨道中添加的"边角固定"视频特效。

步骤 5：单选"视频 3"视频轨道中的素材。在【特效控制台】面板中单击鼠标右键，在弹出的快捷菜单中单击 粘贴 命令，即可将"视频 2"轨道中调节好参数的"边角固定"视频特效粘贴到"视频 3"视频轨道中的素材上(包括调节好的参数)，如图 4.108 所示。

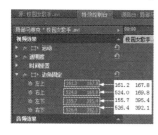  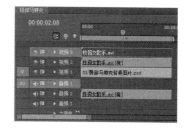

图 4.106　　　　　　　　图 4.107　　　　　　　　图 4.108

2) 使用"裁剪"视频特效对图像画面进行裁剪

"裁剪"视频特效的主要作用是根据参数设置对图像画面的四周进行修剪，还可以将修剪之后的素材画面自动调整到屏幕尺寸。具体操作方法如下。

步骤 1：将"视频 2"视频轨道中的素材隐藏，方便对"视频 3"轨道中的图像裁剪时观察。

步骤 2：将"时间指示器"拖曳到第 0 帧位置。

步骤 3：单选"视频 3"轨道中的素材。在【效果】面板中双击"变换"类视频特效中的 裁剪 视频特效，即可给单选的素材添加该视频特效。

步骤 4：在【特效控制台】中调节"裁剪"视频特效的参数并添加关键帧，参数的具体调节如图 4.109 所示。在【节目监视器】窗口中的效果如图 4.110 所示。

步骤 5：将"时间指示器"移到第 17 帧的位置处，调节"裁剪"视频特效的参数如图 4.111 所示。在【节目监视器】窗口中的效果如图 4.112 所示。

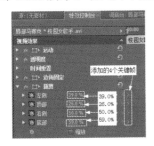
图 4.109

图 4.110

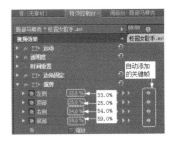
图 4.111

步骤 6：将"时间指示器"移到第 4 秒 0 帧的位置处，调节"裁剪"视频特效的参数如图 4.113 所示。在【节目监视器】窗口中的效果如图 4.114 所示。

图 4.112

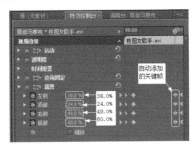
图 4.113

图 4.114

步骤 7：将"时间指示器"移到第 4 秒 13 帧的位置处，调节"裁剪"视频特效的参数如图 4.115 所示。在【节目监视器】窗口中的效果如图 4.116 所示。

3) 使用"马赛克"视频特效给裁剪后的图像画面添加马赛克效果

"马赛克"视频特效的主要作用是将图像画面分割成许多方形的方格，方格的颜色采用方格内所有颜色的平均值，从而创建马赛克效果。具体操作方法如下。

步骤 1：单选"视频 3"视频轨道中的素材。

步骤 2：在【效果】面板中双击"变换"类视频特效中的 马赛克 视频特效，即可给单选的素材添加该视频特效。

步骤 3：在【特效控制台】中调节"马赛克"视频特效的参数如图 4.117 所示。

步骤 4：在【节目监视器】窗口中的效果如图 4.118 所示。

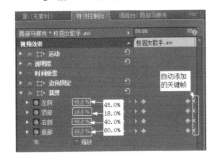
图 4.115

图 4.116

图 4.117

步骤 5：取消"视频 2"视频轨道上素材的隐藏。序列窗口效果如图 4.119 所示。在【节目监视器】窗口中的效果如图 4.120 所示。

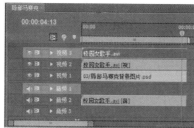

图 4.118　　　　　　　　　　图 4.119　　　　　　　　　　图 4.120

视频播放：*局部马赛克效果制作的详细操作步骤的详细介绍，请观看配套视频"局部马赛克效果制作的详细操作步骤.wmv"。*

4.10.4　举一反三

使用该案例介绍的方法，创建一个名为"局部马赛克效果举一反三.prproj"的节目文件，根据配套资源中提供的素材，制作如下效果并输出命名为"局部马赛克效果举一反三.flv"文件。

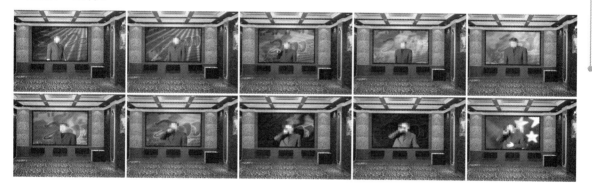

第**5**章

强大的音频特效

技能点

1. 音频的基本操作
2. 各种声道之间的转换
3. 音频特效
4. 音调与音速的改变
5. 调音台
6. 5.1 声道音频的创建

说明

　　本章主要通过 6 个案例全面介绍音频素材的剪辑、音频切换效果的添加和参数设置、音频特效的创建和参数设置以及 5.1 声道音频文件的创建等相关知识点。

一部好的影视作品，往往是声画艺术的完美结合，所以音频和视频具有同样重要的地位，音频质量的好坏，将直接影响到作品的质量。

前面已经详细介绍了视频转场和视频特效的创建以及相关参数的设置。本章通过音频的基本操作、各种声道之间的转换、音频特效、音调与音速的改变、调音台和 5.1 声道音频的创建等案例，全面介绍音频的基本操作、音频过渡和音频特效的使用方法以及参数调节。

5.1　音频的基本操作

5.1.1　影片预览

影片在本书提供的配套素材中的"第 5 章　强大的音频特效/最终效果/5.1 音频的基本操作.mp3"文件中。本案例主要介绍与音频相关的基本操作。

5.1.2　本案例画面及制作步骤(流程)分析

注：本案例效果为音频文件，请读者试听案例音频文件。

案例制作的大致步骤：

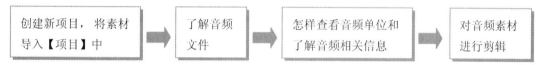

5.1.3　详细操作步骤

案例引入：

(1) 什么叫做单声道、双声道和 5.1 声道？

(2) 怎样查看音频单位？

(3) 怎样了解音频相关信息？

(4) 怎样对音频进行剪辑？

(5) 怎样添加音频过渡效果？音频过渡效果有什么作用？

1. 创建新项目和导入素材

步骤 1：启动 Premiere Pro CS6 软件，创建一个名为"音频的基本操作.prproj"的项目文件。

步骤 2：导入音频素材，如图 5.1 所示。

> **视频播放**：创建新项目和导入素材的详细讲解，请观看配套视频"创建新项目和导入素材.flv"。

2. 了解音频文件

音频文件有单声道、双声道(立体声)和 5.1 声道，可以通过【特效控制台】了解音频文件是单声道还是双声道。具体操作方法如下。

【参考视频】

步骤1：在【项目】窗口中双击"立体声音频.wav"音频文件，在【特效控制台】显示音频文件的波形，如图 5.2 所示。

提示：从图 5.2 可以判断，该音频文件为立体声，上面波形图为左声道，下面波形图为右声道。且两个波形图完全不同，说明左右声道发出的声音也不同。

步骤2：在【项目】窗口中双击"小狗声音.WAV"音频文件，在【特效控制台】显示音频文件的波形，如图 5.3 所示。

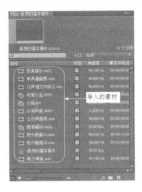 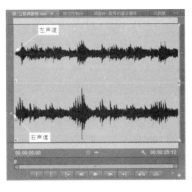 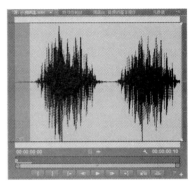

图 5.1　　　　　　　图 5.2　　　　　　　图 5.3

提示：从图 5.3 可以判断，该音频文件为单声道，因为它只有一个波形图。

步骤3：在【项目】窗口中双击"野外配音 02.wav"音频文件，在【特效控制台】显示音频文件的波形，如图 5.4 所示。

提示：从图 5.4 可以判断，该音频文件为双声道，只有左声道发出声音，右声道不发出声音，因为右声道没有波形。

步骤4：在【项目】窗口中双击"配音解说.mpg"视频文件，在【素材预览】窗口中显示视频文件画面，如图 5.5 所示。

步骤5：单击【素材预览】窗口右上角的 按钮，在弹出的快捷菜单中单击 音频波形 命令，即可显示"配音解说.mpg"视频文件声音的波形图，如图 5.6 所示。

  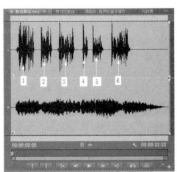

图 5.4　　　　　　　图 5.5　　　　　　　图 5.6

提示：从图 5.6 可以判断，"配音解说.mpg"视频文件为立体声，左声道为解说词。总共有 6 句话，因为它有 6 段波形。右声道为背景音乐。

视频播放：了解音频文件的详细讲解，请观看配套视频"了解音频文件.flv"。

3. 怎样查看音频单位和了解音频相关信息

1) 查看音频单位

将导入的音频文件分别拖曳到"音频 1"和"音频 2"轨道中，如图 5.7 所示。此时的时间标尺以视频单位显示。单击【音频的基本操作】序列窗口右上角的▤图标，在弹出的快捷菜单中单击 显示音频时间单位 命令，此时的时间标尺以音频采样率单位显示，如图 5.8 所示。

图 5.7　　　　　　　　　　　　　　　　　图 5.8

从图 5.8 中可以看出，此时的音频单位为音频采样率，当前音频为 48 千赫，即 1 秒由 48000 个最小单位组成，所以比视频单位中的 1 秒由 25 个最小单位组成更为精确。按键盘上的"="键将时间放大，可以看到"时间指示器"从 0：00000 向右移动一个单位即为 1 秒，如图 5.9 所示。

图 5.9

提示：一般情况下，不需要对音频进行过于精细的编辑，单击序列窗口右上角的▤图标，在弹出的快捷菜单中单击 ✓ 显示音频时间单位 命令，即可将"显示音频时间单位"前面的✓去掉，以"帧"为最小单位来进行剪辑。

2) 了解音频相关信息

音频文件的相关信息，可以从【项目】窗口和【序列】窗口中了解到。

步骤 1：在【项目】窗口中单选音频文件。此时，在【节目】窗口的标题下方显示单选音频文件的相关信息，如图 5.10 所示。

提示：如图 5.10 所示，从【项目】窗口中可以了解到选中音频文件的名称、音频文件的总长度、采样率、声道和使用情况等相关信息。

步骤 2：将鼠标指针移到【序列】窗口中的音频轨道的素材上，在弹出的快捷框中，可以了解"音频"轨道上的音频素材的相关信息，如图 5.11 所示。

提示：从弹出的快捷菜单中，可以了解音频素材的开始点、结束点和持续时间长度等相关信息。

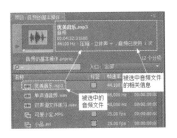
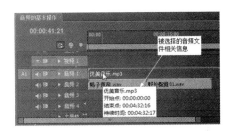

图 5.10　　　　　　　　　　　　　　图 5.11

步骤 3：将鼠标指针移到【项目】窗口右侧的边缘，此时，鼠标指针变成 形态，按住鼠标左键向右拖动，将【项目】窗口拉宽，如图 5.12 所示。

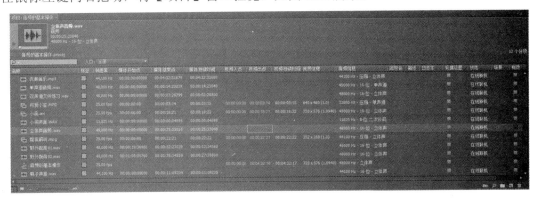

图 5.12

提示：从图 5.12 可以了解素材的所有详细信息。

视频播放：怎样查看音频单位和了解音频相关信息的详细讲解，请观看配套视频"怎样查看音频单位和了解音频相关信息.flv"。

4．对音频素材进行剪辑

以剪辑"优美音乐.MP3"音频文件为例来介绍音频素材的剪辑操作。具体编辑要求是：

(1) 将"优美音乐.MP3"音频文件的中间唱词部分去掉，只保留音频的前后伴奏部分。

(2) 给保留音频的前后伴奏之间添加过渡效果。

(3) 在"音频 2"轨道中添加野外动物和鸭子的音频文件。

步骤 1：将"优美音乐.MP3"音频文件拖曳到"音频 1"轨道中，单击"音频 1"轨道左侧的 (折叠-展开轨道)按钮，将音频文件的波形显示出来，如图 5.13 所示。

【参考视频】

图 5.13

步骤 2： 单击键盘上的"空格键"，对"音频 1"轨道上的音频素材进行监听播放操作可以得知，"优美音乐.mp3"的前 43 秒 2 帧为音乐的前奏部分，第 4 分 5 秒 8 帧到结尾为音乐的后伴奏部分。

步骤 3： 将时间指示器移到第 43 秒 2 帧的位置，使用 🔪(剃刀工具)工具将音乐从第 43 秒 2 帧处分割为两段音频素材，如图 5.14 所示。

步骤 4： 将时间指示器移到第 4 分 5 秒 8 帧的位置，使用 🔪(剃刀工具)工具将音乐从第 43 秒 2 帧处分割为两段音频素材，如图 5.15 所示。

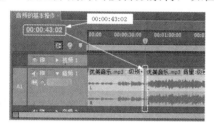

图 5.14

图 5.15

步骤 5： 将鼠标指针移到"音频 1"轨道中的第 2 段素材上，单击鼠标右键，在弹出的快捷菜单中单击 波纹删除 命令，将"音频 1"轨道中的第 2 段素材删除，将第 3 段素材自动连接到第 1 段素材之后，如图 5.16 所示。

步骤 6： 将"野外配音 01.wav""野外配音 02.wav"和"鸭子声音.wav"3 段音频素材拖曳到"音频 2"轨道中，如图 5.17 所示。

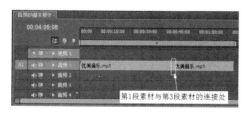

图 5.16

图 5.17

步骤 7： 将【效果】浮动面板中的 🔊 恒定功率 音频过渡效果拖曳到两段素材的连接处释放鼠标，即可为这两段相连素材添加一个音频过渡效果，如图 5.18 所示。

提示： "优美音乐.mp3"的主旋律被剪切掉了，添加 🔊 恒定功率 音频过渡效果的目的是使前后两段伴奏音乐过渡自然流畅。

步骤 8：单击"音频 1"音频轨道中添加的"恒定功率"音频过渡效果。此时，在【特效控制台】中显示"恒定功率"音频过渡效果的相关参数，如图 5.19 所示。

图 5.18   图 5.19

提示：对两段前后相连的音频素材添加音频过渡效果，可以将两段音频柔和地衔接在一起，这与视频中默认的淡入切换是一个道理。也可以在音频的入点和出点处添加音频过渡效果，这样使音频产生渐起、渐落的效果。

步骤 9：方法同上。给"音频 2"轨道中相邻两段素材之间添加音频过渡效果，效果如图 5.20 所示。

图 5.20

视频播放：对音频素材进行剪辑的详细讲解，请观看配套视频"对音频素材进行剪辑.flv"。

5.1.4 举一反三

利用本案例所学的知识，收集一些音频素材并进行编辑操作练习。

5.2 各种声道之间的转换

5.2.1 影片预览

影片在本书提供的配套素材中的"第 5 章 强大的音频特效/最终效果/5.2 各种声道之间的转换.mp3"文件中。通过试听音频文件了解本案例的最终效果。本案例主要介绍音频素材的各种声道之间的转换。

5.2.2 本案例画面及制作步骤(流程)分析

注：本案例效果为音频文件，请读者试听案例音频文件。

【参考视频】

案例制作的大致步骤：

5.2.3　详细操作步骤

案例引入：

(1) 有哪几种音频轨道类型？哪几种音频素材类型？

(2) 怎样将单声道音频素材转换成双声道(立体声道)或 5.1 声道音频素材？

(3) 怎样将立体声道音频素材转换成单声道或 5.1 声道音频素材？

(4) 怎样将立体声道或 5.1 声道音频素材分离为单声道音频素材？

(5) 怎样添加和删除各种音频轨道？

(6) 对音频轨道的操作主要有哪些？

1. 创建新项目和导入素材

步骤 1： 启动 Premiere Pro CS6 软件，创建一个名为"各种声道之间的转换.prproj"的项目文件。

步骤 2： 导入音频文件。

> **视频播放：** 导入素材的详细讲解，请观看配套视频"创建新项目和导入素材.flv"。

2. 音频轨道的相关编辑

音频素材主要有单声道、立体声(双声道)和 5.1 声道 3 种音频类型，对应的音频轨道也有单声道、立体声和 5.1 声道音频轨道类型。对应的音频轨道类型只能放对应的音频素材类型。

在 Premiere Pro CS6 中，允许用户添加或删除各种音频轨道。

1) 添加各种类型的音频轨道

通过单击右键添加或删除音频轨道。

步骤 1： 将鼠标移到序列窗口中的音频轨道的标头上，单击鼠标右键，弹出如图 5.21 所示的快捷菜单。

步骤 2： 将鼠标指针移到 添加轨道... 命令上单击，弹出【添加视音轨】对话框，根据要求设置对话框如图 5.22 所示。单击 确定 按钮即可添加音频轨道，如图 5.23 所示。

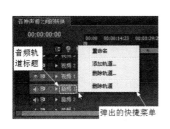

图 5.21

图 5.22

图 5.23

【参考视频】

提示：可以通过音频轨道右上角的图标来判断音频轨道的类型。▣图标表示该音频轨道为立体声(双声道)类型；◀图标表示该音频轨道为单声道类型；51图标表示该音频轨道为5.1声道类型，如图5.24所示。

步骤3：双声道和5.1声道的音频轨道的添加方法与单声道音频轨道的添加方法一样。只要在【添加视音轨】对话框中单击 轨道类型 右边的▼按钮，弹出下拉菜单，如图5.25所示。在该下拉菜单中单击相应的轨道类型，其他参数同上，单击 确定 按钮即可创建对应的音频轨道。

通过菜单栏添加音频轨道。

步骤1：在菜单栏中单击 序列(S) → 添加轨道(T)... 命令，弹出【添加视音轨】对话框。

步骤2：根据项目要求设置【添加视音轨】对话框，单击 确定 按钮即可。

通过拖曳音频素材添加音频轨道。

步骤1：将【项目】窗口中的音频素材拖曳到序列窗口中音频轨道下方的空白处，出现如图5.26所示的图标。

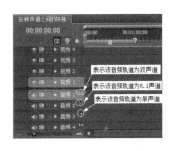

图 5.24

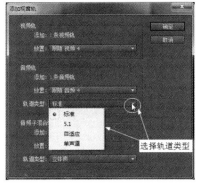

图 5.25

图 5.26

步骤2：松开鼠标添加一个与音频素材类型相同的音频轨道，同时音频素材也被添加到音频轨道中，如图5.27所示。

2) 删除音频轨道

通过快捷键删除音频轨道。

步骤1：将光标移到序列窗口中的音频轨道的标头上，单击鼠标右键，弹出快捷菜单。

步骤2：将光标指针移到 删除轨道... 命令上单击，弹出【删除轨道】对话框，单击 音频轨 下面的▼按钮，弹出下拉菜单，如图5.28所示，其中列出了所有的音频轨道。选择需要删除的轨道，单击 确定 按钮即可。

通过菜单栏删除音频轨道。

步骤1：在菜单栏中单击 序列(S) → 删除轨道(K)... 命令，弹出【删除轨道】对话框。

步骤2：根据项目要求设置【删除轨道】对话框，设置完毕单击 确定 按钮即可。

3) 给音频轨道重命名

在后期剪辑中，有可能多人合作，而且使用的配音比较多，相应的音频轨道也就比较多。为了方便操作，可以对各个音频轨道进行重命名。

步骤1：将光标移到序列窗口中的音频轨道的标头上，单击鼠标右键，弹出快捷菜单。

步骤2：将光标移到 重命名 命令上单击，音频标题呈蓝色底纹显示，如图5.29所示。

 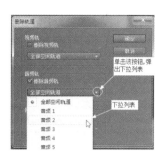 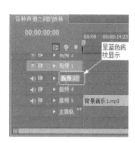

图 5.27　　　　　　　　图 5.28　　　　　　　　图 5.29

步骤 3：输入音频轨道的名称，在这里输入"解说词"，按"Enter"键即可对音频轨道重命名，如图 5.30 所示。

4) 展开音频轨道和调节音频轨道的宽度

在后期剪辑中，经常采取监听素材播放与观看音频波形图来进行剪辑。为了更清楚地观看波形图，需要将素材所在的音频轨道展开和调宽。

步骤 1：单击音频轨道标头处的 (折叠-展开轨道)按钮，即可将音频轨道展开，如图 5.31 所示。

步骤 2：将鼠标指针移到两个音频轨道之间，鼠标指针变成 形态，如图 5.32 所示。

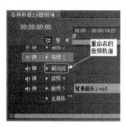 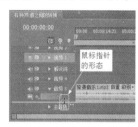

图 5.30　　　　　　　　图 5.31　　　　　　　　图 5.32

步骤 3：按住鼠标左键上下移动，即可改变音频轨道的宽度。

5) 锁定/解锁音频轨道

在后期剪辑中，有时候为了防止对音频轨道进行误操作，可以通过将音频轨道锁定，操作完成之后再解除锁定。具体操作方法如下。

步骤 1：锁定音频轨道。单击需要锁定的音频轨道标头的 (轨道锁定开关)按钮，此时， (轨道锁定开关)按钮形态变成 形态，如图 5.33 所示。

步骤 2：解除锁定音频轨道。单击需要解锁的音频轨道表头的 (轨道锁定开关)按钮，此时， (轨道锁定开关)按钮形态变成 形态，如图 5.34 所示。

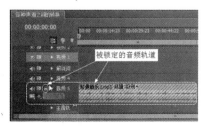 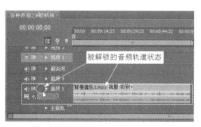

图 5.33　　　　　　　　图 5.34

视频播放：音频轨道的相关编辑详细讲解，请观看配套视频"音频轨道的相关编辑.flv"。

3. 各种声道之间的相互转换

各种声道之间主要有如下几种转换方式。

(1) 单声道转换为立体声(双声道)。

(2) 立体声转换为单声道。

(3) 立体声分离成独立的单声道

(4) 立体声或单声道转换为5.1声道。

(5) 5.1声道转换为立体声或单声道。

1) 单声道转换为立体声(双声道)

步骤1： 在【项目】窗口中单选"单声道音频.wav"音频文件，如图5.35所示。

步骤2： 在菜单栏中单击 素材(C) → 修改 → 音频声道... 命令，弹出【修改素材】对话框，设置参数如图5.36所示。单击 确定 按钮即可将单声道转换为立体声道。音频波形图如图5.37所示。

 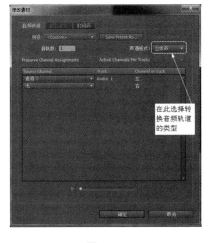 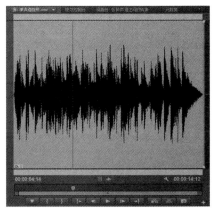

图5.35　　　　　　　　图5.36　　　　　　　　图5.37

提示： 从图5.37中可以看出，音频的波形图表面看上去没有发生什么变化，但实际已经变成了双声道。在进行播放时，左声道有声音，右声道没有声音。可以将"单声道音频.wav"音频文件素材拖曳到任意的立体音频轨道中，但不能拖曳到单声道音频轨道中。

可以将刚才转为立体声道的音频文件的左、右声道进行对调。具体操作方法如下。

步骤1： 在【节目】窗口中单选刚才转换为立体声道的音频文件。

步骤2： 在菜单栏中单击 素材(C) → 修改 → 音频声道... 命令，弹出【修改素材】对话框，设置参数如图5.38所示。

步骤3： 单击 确定 按钮，此时音频文件的波形图如图5.39所示。

以上介绍的是将"单声道音频.wav"音频转换为立体声，只有一个声道有声音。接下来再介绍一种可以转换为两个声道都有声音的立体声。具体操作方法如下。

步骤1： 在【项目】窗口中选择导入的"单声道音频.wav"音频文件。

【参考视频】

步骤 2： 在菜单栏中单击 素材(C) → 修改 → 音频声道... 命令，弹出【修改素材】对话框，设置参数如图 5.40 所示。

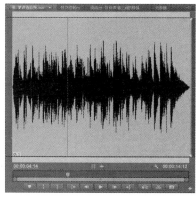

图 5.38　　　　　　　　　　　图 5.39　　　　　　　　　　　图 5.40

步骤 3： 单击 确定 按钮，此时音频文件的波形图如图 5.41 所示。

提示： 有时 音频声道... 命令呈灰色显示，因为在【项目】窗口中没有选中需要转换的音频素材文件。有时在【项目】窗口中选中了音频素材文件，打开【修改素材】对话框，但 轨道格式 下面的选项呈灰色显示，如图 5.42 所示。这是因为被选中的音频素材文件已经在音频轨道中被使用，所以不能进行转换。如果需要进行转换，要将音频素材从音频轨道中删除或重新导入【项目】窗口才能进行转换。

2）立体声转换为单声道

立体声音频文件不能直接拖曳到单声道音频轨道中。有时候由于项目的要求，可能要将立体声的音频文件拖曳到单声道音频轨道中。此时，需要将此立体声音频文件转换为单声道音频文件。具体操作方法如下。

步骤 1： 在【项目】窗口中单选立体声音频素材文件，如图 5.43 所示。

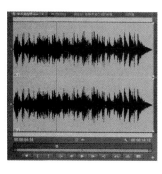
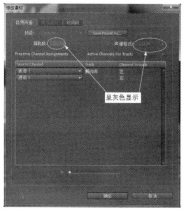
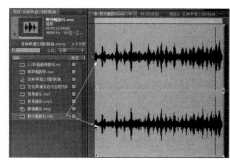

图 5.41　　　　　　　　　　　图 5.42　　　　　　　　　　　图 5.43

步骤 2： 在菜单栏中单击 素材(C) → 修改 → 音频声道... 命令，弹出【修改素材】对话框，设置参数如图 5.44 所示。

步骤 3：单击 确定 按钮即可将立体声道转换为单声道，如图 5.45 所示。

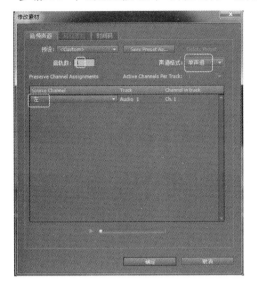 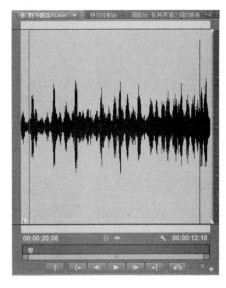

图 5.44　　　　　　　　　　　　　　　图 5.45

提示：转换为单声道的"野外配音 01.wav"音频文件只能放到单声道的音频轨道中，而不能放到立体声轨道中。

在 Premiere Pro CS6 中，允许将立体声音频素材中的某一个声道转换为单声道。具体操作方法如下。

步骤 1：在【节目】窗口中单选立体声音频素材文件，如图 5.46 所示。

步骤 2：在菜单栏中单击 素材(C)→ 修改 → 音频声道... 命令，弹出【修改素材】对话框，设置参数如图 5.47 所示。

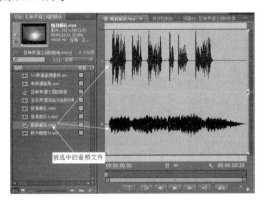 

图 5.46　　　　　　　　　　　　　　　图 5.47

步骤 3：单击 确定 按钮即可将立体声道转换为单声道，如图 5.48 所示。

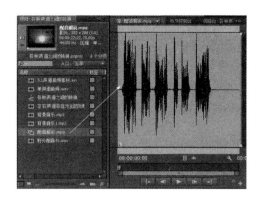

图 5.48

3) 将立体声分离成独立的单声道

在前面介绍的将立体声转换为单声道的方法，只能保留选择的声道的音频文件，而没有被选中的声道音频文件将被丢失。在 Premiere Pro CS6 中，可以将立体声分离出单声道，也就是说，在保持原来的音频素材文件不变的情况下，产生两个新的单声道音频文件。分离出来的音频文件像 Premiere Pro CS6 中的字幕文件一样存在于【项目】窗口中，而无须命名并保存到磁盘中，具体操作方法如下。

步骤 1：重新导入"配音解说.mpg"文件并选中，如图 5.49 所示。

步骤 2：在菜单栏中单击 素材(C) → 音频选项(A) → 拆解为单声道(B) 命令即可分离出两个音频文件，如图 5.50 所示。

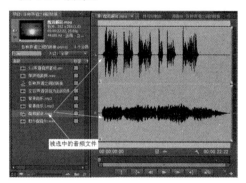

图 5.49

图 5.50

提示：如果选择的是视频文件，则分离出来的单声道音频文件只包含音频文件，视频画面将丢失。

4) 将立体声或单声道转换为 5.1 声道

将立体声或单声道转换为 5.1 声道的方法比较简单。具体操作方法如下。

步骤 1：将音频文件导入【项目】窗口中，并选中音频素材文件，如图 5.51 所示。

步骤 2：在菜单栏中单击 素材(C) → 修改 → 音频声道... 命令，弹出【修改素材】对话框，设置参数如图 5.52 所示，单击 确定 按钮。转换之后的波形图，如图 5.53 所示。

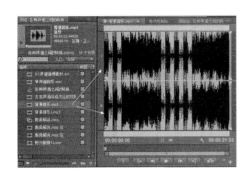
图 5.51

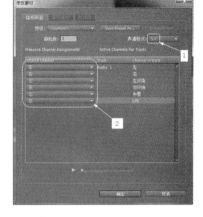
图 5.52

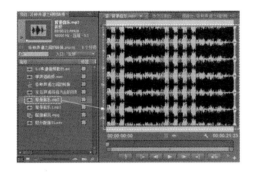
图 5.53

5) 将 5.1 声道转换为立体声或单声道

在 Premiere Pro CS6 中，可以获取 5.1 声道的音频素材中的某一声轨的音频文件；可以将 5.1 声道音频文件转换为立体声或单声道，转换之后的音频文件就可以将其拖曳到立体声或单声道轨道中。5.1 声道转换为立体声或单声道的具体操作方法如下。

(1) 将 5.1 声道转换为立体声。

步骤 1：在【项目】窗口中单选需要转换的 5.1 声道音频文件，如图 5.54 所示。

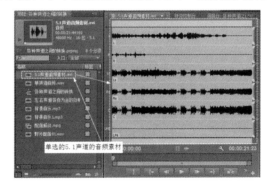
图 5.54

步骤 2：在菜单栏中单击 素材(C) → 修改 → 音频声道... 命令，弹出【修改素材】对话框，设置参数如图 5.55 所示，单击 确定 按钮。转换之后的波形图，如图 5.56 所示。

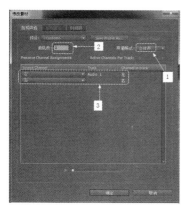

图 5.55

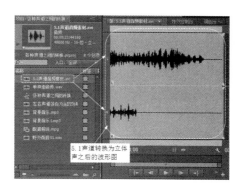

图 5.56

(2) 将 5.1 声道转换为单声道。

步骤 1：在【项目】窗口中单选需要转换的 5.1 声道音频文件。

步骤 2：在菜单栏中单击 素材(C) → 修改 → 音频声道... 命令，弹出【修改素材】对话框，设置参数如图 5.57 所示，单击 确定 按钮。转换之后的波形图，如图 5.58 所示。

(3) 将 5.1 声道分离成单个的音频文件。

步骤 1：在【节目】窗口中单选需要分离的 5.1 声道音频素材。

步骤 2：在菜单栏中单击 素材(C) → 音频选项(A) → 拆解为单声道(B) 命令即可分离出 6 个音频文件，如图 5.59 所示。

图 5.57

图 5.58

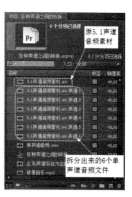

图 5.59

视频播放： 各种声道之间的相互转换详细讲解，请观看配套视频"各种声道之间的相互转换.flv"。

5.2.4　举一反三

利用本案例所学的知识，收集一些单声道、双声道(立体声)和 5.1 声道音频素材，练习各种声道音频素材之间的转换和编辑。

【参考视频】

5.3 音 频 特 效

5.3.1 影片预览

影片在本书提供的配套素材中的"第 5 章 强大的音频特效/最终效果/5.3 音频特效.mp3"文件中。本案例主要介绍音频特效的使用方法、作用和各个音频特效参数的调节。

5.3.2 本案例画面及制作步骤(流程)分析

注：本案例效果为音频文件，请读者试听案例音频文件。

案例制作的大致步骤：

| 创建新项目，将素材导入【项目】中 | → | 音频特效的作用和使用方法 | → | 音频特效组中的各个音频特效的作用和参数介绍 |

5.3.3 详细操作步骤

案例引入：

(1) 音频特效分为哪几大类？

(2) 哪些音频特效属于立体声独有的音频特效？

(3) 怎样使用音频特效和调节音频参数？

(4) 音频特效是否可以叠加？

1. 创建新项目和导入素材

步骤 1：启动 Premiere Pro CS6 软件，创建一个名为"音频特效.prproj"的项目文件。

步骤 2：导入音频素材。

> **视频播放：**创建新项目和导入素材的详细讲解，请观看配套视频"创建新项目和导入素材.flv"。

2. 音频特效的作用和使用方法

在 Premiere Pro CS6 中，将以前版本的"5.1""立体声"和"单声道"3 大类音频特效组合为一组音频特效，也就是说，这些音频特效可以用在任何声道的音频素材中。音频特效如图 5.60 所示。下面详细介绍音频特效的使用方法。

1) 使用"平衡"音频特效制作音频左、右声道偏移

步骤 1：将导入的"优美音乐.mp3"立体声音频素材拖曳到"音频 1"轨道中。

步骤 2：将"立体声"音频特效组中的 平衡 特效拖曳到"音频 1"音频轨道中的素材上，如图 5.61 所示。

步骤 3：将"时间指示器"移到第 0 帧的位置，在【特效控制台】中单击 平衡 右边的 (切换动画)按钮，添加一个关键帧，如图 5.62 所示。

【参考视频】

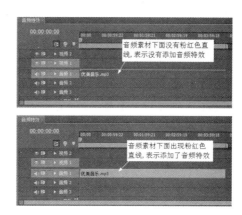

音频素材下面没有粉红色直线，表示没有添加音频特效

音频素材下面出现粉红色直线，表示添加了音频特效

图 5.60　　　　　　　　　　　　　　　　　图 5.61

步骤 4：将"时间指示器"移到第 15 秒 0 帧的位置，在【特效控制台】中移动 (滑竿滑块)到最右端，此时自动添加一个关键帧，如图 5.63 所示。

步骤 5：将"时间指示器"移到第 30 秒 0 帧的位置，在【特效控制台】中移动 (滑竿滑块)到最左端，此时自动添加一个关键帧，如图 5.64 所示。

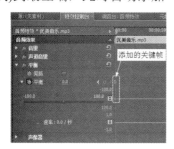

添加的关键帧

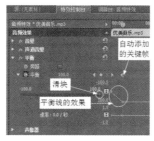

自动添加的关键帧

滑块

平衡线的效果

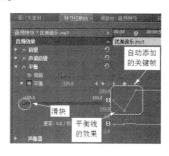

自动添加的关键帧

滑块

平衡线的效果

图 5.62　　　　　　　　　图 5.63　　　　　　　　　图 5.64

步骤 6：将"时间指示器"移到第 45 秒 0 帧的位置，在【特效控制台】中移动 (滑竿滑块)到最右端，此时自动添加一个关键帧，如图 5.65 所示。

步骤 7：方法同上。每 15 秒调节一次"滑块"，最终效果如图 5.66 所示。

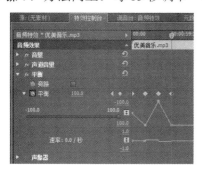

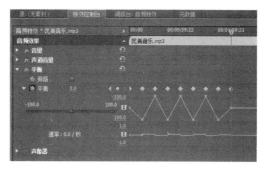

图 5.65　　　　　　　　　　　　　　　　　图 5.66

步骤 8：单击【节目监视器】窗口中的 (播放-停止切换)按钮，即可听到音频左右偏移的听觉效果。

2) 使用"声道音量"音频特效来调节左右声道的音量

"平衡"音频特效主要用来控制左、右声道之间的偏移，而"声道音量"音频特效主要用来调节左、右声道的音量。具体操作方法如下。

步骤 1：将导入的"配音解说.mpg"素材拖曳到"视频 1"轨道中，如图 5.67 所示。

步骤 2：在【项目】窗口中双击"配音解说.mpg"素材，再单击【素材源监视器】窗口右上角的 按钮，在弹出的下拉菜单中单击 音频波形 命令，显示出选择素材的波形图，如图 5.68 所示。

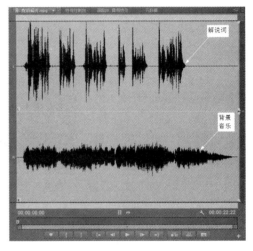

图 5.67　　　　　　　　　　　　　　图 5.68

步骤 3：将"立体声"特效组中的 声道音量 特效拖曳到"音频 1"轨道中的"配音解说"音频素材上，如图 5.69 所示。

步骤 4：在【特效控制台】中展开"声道音量"及其下面的滑杆，播放这段视频，同时调节"滑块"，会听到相应声道的音量发生变化，如图 5.70 所示。

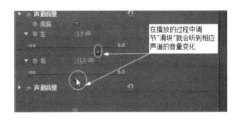

图 5.69　　　　　　　　　　　　　　图 5.70

视频播放：音频特效的作用和使用方法的详细讲解，请观看配套视频"音频特效的作用和使用方法.flv"。

3. 音频特效组中的各个音频特效的作用和参数介绍

在 Premiere Pro CS6 中，有 3 大类音频特效组，在这 3 大类音频特效组中独有的音频特效有 26 种，还有 4 种音频特效为立体声独有。下面对这些音频特效进行详细介绍。

【参考视频】

1)"选项"(Bandpass)音频特效

"选项"(Bandpass)音频特效主要用来调节音频的低频率、中频率和高频率的范围。

"选项"(Bandpass)音频特效参数面板，如图 5.71 所示。

"选项"(Bandpass)音频特效参数介绍：

(1) 中置 参数，主要用来设置频段的调节范围。

(2) Q 参数，主要用来调节受影响的强度。

2)"多功能延迟"音频特效

"多功能延迟"音频特效主要用来给音频素材添加 4 个延迟的回声效果。

"多功能延迟"音频特效参数面板，如图 5.72 所示。

"多功能延迟"音频特效参数介绍：

(1) 延迟1 延迟2 延迟3 延迟4 参数，主要用来调节回声与原素材的延迟时间。

(2) 反馈1 延迟2 反馈3 反馈4 参数，主要用来调节回声返回到原素材上的百分比。

(3) 级别1 级别2 级别4 参数，主要用来调节回声的音量大小。

(4) 混合 参数，主要用来调节混响的强度。

3)"Chorus"(和声)音频特效

"Chorus"(和声)音频特效主要作用是使音频素材产生和声效果。

"Chorus"(和声)音频特效参数面板，如图 5.73 所示。

"Chorus"(和声)音频特效参数介绍。

(1) Reset (重置)：单击该按钮，将设置的参数恢复默认状态。

(2) LFO Type (和声类型)：用来确定音频的和声类型，主要有 Sine(正弦波)、Rect(矩形波) 和 Triangle(三角)3 种类型。

(3) Rate (速率)参数，主要用来调节和声的频率与原素材频率的速度。

(4) Depth (深度)参数，主要用来调节和声频率的幅度变化大小。

(5) Mix (混合)参数，主要用来调节和声特效与原音频素材的混合程度。

(6) FeedBack (反馈)参数，主要用来调节和声特效反馈到原音频素材的量。

(7) Delay (延时)参数，主要用来调节和声效果的延迟时间。

提示： "Chorus"音频特效参数的调节主要有两种方式。第 1 种方式是图形化的旋钮调节方式。第 2 种方式是参数调节方式。无论采用哪种操作方式，其结果完全相同。

 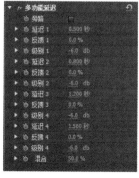 

图 5.71　　　　　图 5.72　　　　　图 5.73

4) "DeClicker"(消除咔嚓声)音频特效

"DeClicker"(消除咔嚓声)音频特效的主要作用是自动消除音频素材中的咔嚓声。

"DeClicker"(消除咔嚓声)音频特效参数面板，如图 5.74 所示。

"DeClicker"(消除咔嚓声)音频特效参数介绍：

(1) Threshold (阈值)参数，主要用来调节消除咔嚓声的监测范围。

(2) DePlop (消除咔嚓声程度)参数，主要用来调节消除咔嚓声的程度。

(3) Mode (模式)参数，主要用来调节消除咔嚓声的模式。

(4) Audition (试听设定)：主要用来调节试听含咔嚓声的音频，还是试听咔嚓声处理后的音频。

5) "DeCrackler"音频特效

"DeCrackler"(消除爆音)音频特效的主要作用是消除音频素材中的爆音，其参数面板如图 5.75 所示。它的参数介绍如下：

(1) Threshold (阈值)参数，主要用来调节爆音检测的初始范围。

(2) Reduction (减少)参数，主要用来调节爆音的消除量。

(3) Audition (试听设定)参数，主要用来调节试听含爆音的音频，还是试听爆音处理后的音频。

6) "DeEsser"(消除嘶声)音频特效

"DeEsser"(消除嘶声)音频特效的主要作用是消除音频素材中的嘶嘶声，其参数面板如图 5.76 所示。它的参数介绍如下：

(1) Gain (增益)参数，主要用来调节消除嘶嘶声的增益量。

(2) Gender (性别)参数，主要用来调节消除嘶嘶声的男、女限制。

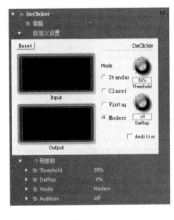

图 5.74

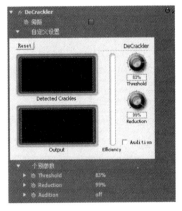

图 5.75

图 5.76

7) "DeHummer"(消除嗡嗡声)音频特效

"DeHummer"(消除嗡嗡声)音频特效的主要作用是消除音频素材中的嗡嗡频段，其参数面板如图 5.77 所示。它的参数介绍如下：

(1) Reduction (减少)参数，主要用来调节消除嗡嗡声的最小值。

(2) Frequency (频率)参数，主要用来调节消除嗡翁声的上限频率。

(3) ▨(级别)参数，主要用来调节消除嘶嘶声的运算级别。

8) "DeNoiser"(消除噪声)音频特效

"DeNoiser"(消除噪声)音频特效的主要作用是自动清除音频素材中的噪声。其参数面板如图 5.78 所示。它的参数介绍如下：

(1) ▨(减少)参数，主要用来调节降噪的一个上限值。

(2) ▨(偏移)参数，主要用来调节降噪时的偏移量。

(3) ▨(冻结)参数，主要用来保持某一频段的信号不变。

9) "Dynamics"(动态)音频特效

"Dynamics"(动态)音频特效参数的主要作用是控制音频素材频率的浮动范围，在频率发生急剧变化的情况下能控制音色的柔和度，其参数面板如图 8.79 所示。它的参数介绍如下：

(1) AutoGate (自动门)参数，勾选此项，去除设定极限以下的所有频段信号，包括如下 4 个可调参数。

① Threshold(阈值)参数，调节范围为-60～0dB，当导入的素材信号超过这个范围时门打开。低于这个范围时门关闭，也就是说素材处于无用状态。

② Attack (发作)参数，主要用来调节发作时间，该时间是指导入素材的信号超过 Threshold(阈值)并到门打开的时间。

③ Release (发行)参数，主要用来调节发行时间，该时间是指导入素材的信号低于 Threshold(阈值)并到门关闭的时间，该时间的调节范围为 50～500 毫秒。

④ Hold (保持)参数，主要用来调节保持时间，该时间是指导入素材的信号低于 Threshold(阈值)并到门保持打开状态的时间，该时间的调节范围为 0.1～1000 毫秒。

(2) Compressor (压缩)参数，勾选此项，可通过调节音色柔和的级别和高音级别来平衡素材的频率浮动范围。设置一个上限，当音频信号低于上限值时，删除不需要的频段信息，包括如下 5 个可调参数。

① Threshold (阈值)参数，该值的调节范围为-60～0dB，当导入素材的信号超过这一范围时调用压缩，低于该范围时不受影响。

② Ratio(比率)参数，主要用来调节压缩比率，最高比率为 8：1。也就是当输入 1dB 文件，则输出 8dB。

③ Attack(发作)参数，主要用来调节输入素材的信号超过 Threshold(阈值)并到压缩开始持续的时间。该时间的调节范围为 0.1～100 毫秒。

④ Release(发行)参数，主要用来调节输入素材的信号低于 Threshold(阈值)并到压缩重新取样持续的时间，该时间的调节范围为 10～500 毫秒。

⑤ Auto(自动)参数，勾选此项，自动对 Release(发行)时间进行计算。

(3) Expander (扩展器)参数，勾选此项，可以调节压缩的浮动范围。

① Threshold (阈值)参数，主要用来调节分贝的大小激活延展项。

② Ratio(比率)参数，主要用来调节压缩比率，其最大比率为 5：1，也就是说，输入 1dB 文件，则 Expander (扩展器)扩展到 5dB。

(4) Limite(限幅器)参数，勾选此项，可以调节音频音高的上限幅度。

① Threshold (阈值)参数，主要用来调节信号的最高标准，该参数的调节范围为-12～0dB。所有高于这个标准的信号值将被降低到这个标准范围以内。

② Release(发行)参数，主要用来调节发行时间，当素材超过这个时间再出现时重新取样，所有值将恢复正常水平，该参数的调节范围为 10～500 毫秒。

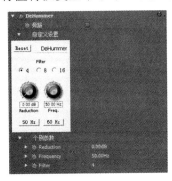

图 5.77　　　　　　　　　　　　　　图 5.78

(5) Soft Cli(柔和器)参数，勾选此项，可以调节音频柔和的上限幅度。

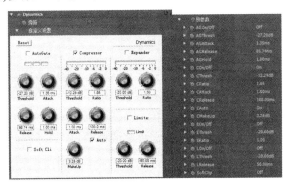

图 5.79

10) "EQ" (平衡)音频特效

"EQ"(平衡)音频特效主要用来调节音频素材的低频段、中频段和高频段的频率和级别，其参数面板如图 5.80 所示。它的参数介绍如下：

(1) Freq.(频率)参数：主要用来分别调 3 个频段的频率高低。即低频段、中频段和高频段。

(2) Gain(增益)参数，主要用来调节低频段、中频段和高频段的频高。

(3) Cut(削弱)参数，主要用来降低调节频段的信号。

(4) Output(输出)参数，主要用来调节输出的总增益强度。

11) "Flanger" (镶边)音频特效

"Flanger"(镶边)音频特效的主要作用是对音频素材进行声音短期延误、停滞或随机间隔变化的音频信号。使用"Flanger"(镶边)音频特效可以模拟出 20 世纪六七十年代的唱盘音响效果，其参数面板如图 5.81 所示。它的参数介绍如下：

(1) LfoType(频率振荡类型)参数，主要用来调节音频的凝滞类型，主要有 Sine(正弦波)、Rect(矩形)和 Tri(三角)3 种类型。

(2) Rate(速率)参数，主要用来调节频率振荡的速度。

(3) Depth(深度)参数，主要用来调节频率振荡时的幅度变化大小。

(4) Mix(混合)参数，主要用来调节镶边特效与原音频素材的混合程度。

(5) FeedBack(反馈)参数，主要用来调节振荡凝滞效果反馈到音频素材的数量。

(6) Delay(延时)参数，主要用来调节振荡凝滞时的延迟时间。

12) "MultibandCompressor"(多频段压缩)音频特效

"MultibandCompressor"(多频段压缩)音频特效的主要作用是对音频素材的低频段、中频段和高频段进行压缩控制，其参数面板如图 5.82 所示。

它的参数介绍如下：

(1) Low / Mid / High 参数，主要用来对低频段/中频段/高频段的信号进行压缩。

(2) Ratio(压缩系数)参数，主要用来调节低频段、中频段和高频段的压缩强度系数。

(3) Attack(处理)参数，主要用来调节低频段、中频段和高频段压缩时的处理时间。

(4) Release(释放)参数，主要用来调节低频段、中频段和高频段压缩时的结束时间。

(5) Solo(活动播放)参数，勾选此项，只播放被激活的波段效果。

(6) MakeUp(波段调节)参数，通过上下移动■(滑块)来调节压缩的波段范围。

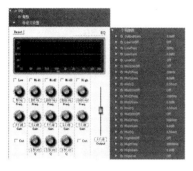 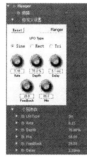 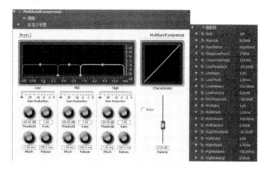

图 5.80　　　　　　　　　图 5.81　　　　　　　　　图 5.82

13) "低通"音频特效

"低通"音频特效的主要作用是以指定的频率为基点，去除音频素材的高频段信号，其参数面板如图 5.83 所示。它的参数介绍如下：

"低通"音频特效只有一个 屏蔽度 参数，主要用来调节指定低通频率的初始值。

14) "低音"音频特效

"低音"音频特效的主要作用是减少或增加音频素材的低音分贝，其"低音"音频特效参数面板如图 5.84 所示。它的参数介绍如下：

"低音"音频特效只有一个 放大 参数，主要用来调节增加或减少低音分贝的量。值为正，增加低音的分贝；值为负，减少低音的分贝。

15) "Phaser"(声道相位)音频特效

"Phaser"(声道相位)音频特效的主要作用是使音频素材产生频率间错位的声响效果，其参数面板如图 5.85 所示。它的参数介绍如下：

(1) LfoType(声道相位)参数，主要用来调节音频的声道错位类型，主要有 Sine(正弦波)、Rect(矩形)和 Tri(三角)3 种类型。

(2) Rate(速率)参数，主要用来调节相位频率与原素材频率的速度。

(3) Depth(深度)参数，主要用来调节相位频率的幅度变化值。

(4) Mix(混合)参数，主要用来调节声道相位与原音频素材的混合程度。

(5) FeedBack(反馈)参数，主要用来调节声道相位效果反馈到音频素材的量。

(6) Delay(延时)参数，主要用来调节相位效果的延迟时间。

图 5.83   图 5.84   图 5.85

16) "PitchShifter"(变调)音频特效

"PitchShifter"(变调)音频特效的主要作用是改变音频素材的音调，其参数面板如图 5.86 所示。它的参数介绍如下：

(1) Pitch(音调)参数，主要用来调节半音程的变化量。

(2) FineTune(微调)参数，主要用来对半音程进行微调。

(3) FormantPreserve(频高限制)：主要用来调节是否限制变调时出现爆音的情况。

17) "Reverb"(混响)音频特效

"Reverb"(混响)音频特效的主要作用是给音频素材添加回响效果，可以用来模仿室内声响效果，其参数面板如图 5.87 所示。它的参数介绍如下：

(1) PreDelay(预延迟)参数，主要用来调节声音撞击物体后反弹到听众的延迟时间。

(2) Absorption(吸收)参数，主要用来调节声音的吸收率。

(3) Size(大小)参数，主要用来调节室内空间的大小。

(4) Density(密度)参数，主要用来调节反射的密度。

(5) LoDamp(低阻尼)参数，主要用来调节低频阻尼。

(6) HiDamp(高阻尼)参数，主要用来调节高频阻尼。

(7) Mix(混合)参数，主要用来调节混响的强度。

18) "平衡"音频特效

"平衡"音频特效的主要作用是调节立体声(双声道)左右声道之间的音量比，其参数面板如图 5.88 所示。它的参数介绍如下：

"平衡"音频特效只有一个平衡参数，主要用来调节立体声声道的音量比。值为负数时，左声道的音量大，值为正数时，右声道的音量大。

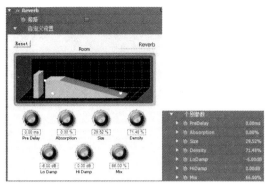

| 图 5.86 | 图 5.87 | 图 5.88 |

19) "Spectral NoiseReduction" (频谱降噪)音频特效

"Spectral NoiseReduction" (频谱降噪)音频特效的主要作用是以频谱表的形式去除音频素材的噪声。例如语言、吹口哨声和铃声等。它的参数面板如图 5.89 所示，其中的参数介绍如下：

(1) Freq1 / Freq2 / Freq3 (频率 1/频率 2/频率 3)参数，主要用来调节频率的滤波器值。

(2) Reduction1 / Reduction2 / Reduction3 (减少 1/减少 2/减少 3)参数，主要用来调节频率的降噪阈值。

(3) Filter1OnOff / Filter2OnOff / Filter3OnOff (滤波器 10 开关/滤波器 20 开关/滤波器 30 开关)参数，主要用来激活相应的滤波器开关。

(4) MaxLevel (最大级别)参数，主要用来调节滤波器降噪的最大量。

(5) CursorMode (模式)参数，主要用来调节滤波器频率的光标控制是否开启。

20) "使用右声道"音频特效

"使用右声道"音频特效的主要作用是将音频素材的声音处理成右声道播放。此特效没有任何参数。

21) "使用左声道"音频特效

"使用左声道"音频特效的主要作用是将音频素材的声音处理成左声道播放。此特效没有任何参数。

22) "互换声道"音频特效

"互换声道"音频特效的主要作用是对音频素材的左右声道的音频进行互换。此特效没有任何参数。

23) "去除指定频率"音频特效

"去除指定频率"音频特效的主要作用是去除音频的指定频率频段，其参数面板如图 5.90 所示。它的参数介绍如下：

(1) 中置 参数，主要用来调节去除声音的初始频率范围。

(2) Q 参数，主要用来调节去除指定频率的级别。

24) "参数均衡"音频特效

"参数均衡"音频特效的主要作用是调节指定频段的音频均衡量，其参数面板如图 5.91 所示。它的参数介绍如下：

(1) 中置 参数，主要用来调节均衡的初始频段的范围。

(2) Q 参数，主要用来调节均衡的影响程度。

(3) 放大 参数，主要用来提高各频段的音量。

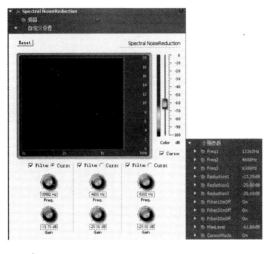

图 5.89   图 5.90   图 5.91

25)"反相"音频特效

"反相"音频特效的主要作用是将音频素材的声道状态反转。此特效没有任何参数。

26)"声道音量"音频特效

"声道音量"音频特效的主要作用是调节音频素材的声道音量大小，其参数面板如图 5.92 所示。它的参数介绍如下：

(1) 左 参数，主要用来调节音频素材左声道的音量大小。

(2) 右 参数，主要用来调节音频素材右声道的音量大小。

27)"延迟"音频特效

"延迟"音频特效的主要作用是给音频素材添加回声效果，其参数面板如图 5.93 所示。它的参数介绍如下：

(1) 延迟 参数，主要用来调节回声与原素材的延迟时间。

(2) 反馈 参数，主要用来调节回声反馈到原素材的量。

(3) 混合 参数，主要用来调节混响的程度。

28)"音量"音频特效

"音量"音频特效的主要作用是调节音频素材的音量大小，其参数面板如图 5.94 所示。它的参数介绍如下：

"音量"音频特效只有一个 级别 参数，主要用来调节音频素材音量的大小。

图 5.92   图 5.93   图 5.94

29)"高通"音频特效

"高通"音频特效的主要作用是以指定的频率为基点,去除音频素材中低于该频段的低频段信号,其参数面板如图 5.95 所示。

"高通"音频特效只有 屏蔽度 一个音频参数,该参数主要用来去除低频段的基点频率。

30)"高音"音频特效

"高音"音频特效的主要作用是增加或减少音频素材的高音分贝,其参数面板如图 5.96 所示。

"高音"音频特效只有一个 放大 参数,该参数主要用来增加或减少高音分贝的量。

　　　　　　图 5.95　　　　　　　　　　　图 5.96

提示:其中"Fill Left"(使用左声道)、"Fill Right"(使用右声道)、"互换声道"和"Balance"(平衡)4 个音频特效为立体声(双声道)的特有音频特效。

视频播放:音频特效组中的各个音频特效的作用和参数介绍的详细讲解,请观看配套视频"音频特效组中的各个音频特效的作用和参数介绍.flv"。

5.3.4　举一反三

利用本案例所学的知识,收集一些音频素材,练习各个音频特效的使用方法和参数调节。例如,回响效果、多重延迟效果、重音效果、高音效果和模拟卡通声音等。

5.4　音调与音速的改变

5.4.1　影片预览

影片在本书提供的配套素材中的"第 5 章　强大的音频特效/最终效果/5.4 音调与音速的改变.mp3"文件中。通过观看影片了解本案例的最终效果。本案例主要介绍使用音频特效改变音调和音速的方法及技巧。

5.4.2　本案例画面及制作步骤(流程)分析

案例部分画面效果如下:

案例制作的大致步骤：

创建新项目，将素材导入【项目】中 改变声音的音调 改变声音的速度

5.4.3　详细操作步骤

案例引入：

(1) 什么叫做音调，怎样改变声音的音调？

(2) 怎样调节声音的速度？

(3) 怎样对素材进行倒放？

1. 创建新项目和导入素材

步骤 1：启动 Premiere Pro CS6 软件，创建一个名为"音调与音速的改变.prproj"项目文件。

步骤 2：导入音频素材。

视频播放：创建新项目和导入素材的详细讲解，请观看配套视频"创建新项目和导入素材.mp3"。

2. 改变声音的音调

在前面的案例中详细介绍了各个音频特效的作用和参数调节。在此，使用音频特效来调节音频特效的音调，以加深对音频特效的理解。

步骤 1：在【项目】窗口中，双击"配音解说.mpg"素材文件，在【素材监视器】窗口中的效果如图 5.97 所示。

步骤 2：单击【素材监视器】窗口右上角的 按钮，在弹出的下拉菜单中单击 音频波形 命令，显示出素材的音频波形图，如图 5.98 所示。

步骤 3：将【项目】窗口中的"配音解说.mpg"素材拖曳到"视频 1"视频轨道中，如图 5.99 所示。

图 5.97

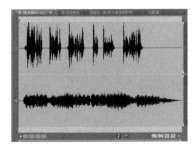

图 5.98

图 5.99

步骤 4：将鼠标光标移到"视频 1"视频轨道的素材上，单击鼠标右键，在弹出的快捷菜单中单击 解除视音频链接 命令，将视频与音频的关联解除。

步骤 5：展开【效果】浮动面板中的 音频特效 特效组下的 平衡 音频特效拖曳到"音频 1"

【参考视频】

音频轨道的素材上，如图 5.100 所示。

步骤 6：单选"音频 1"音频轨道中的音频素材，在【特效控制台】中设置"平衡"音频特效参数。具体设置如图 5.101 所示。

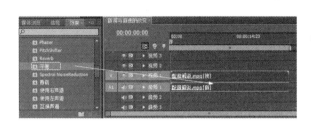

图 5.100　　　　　　　　　　　　　　　　　图 5.101

步骤 7：单选"音频 1"音频轨道中的音频素材，按键盘上的"Ctrl+C"组合键复制该音频素材。

步骤 8：单选"音频 2"音频轨道，使"音频 2"音频轨道处于高亮状态，将"时间指示器"移到第 0 帧的位置，按键盘上的"Ctrl+V"组合键粘贴，最终效果如图 5.102 所示。

步骤 9：单选"音频 2"音频轨道中的素材，在【特效控制台】中设置"平衡"音频特效参数。具体设置如图 5.103 所示。

步骤 10：给"音频 1"和"音频 2"音频轨道中的素材重命名。将光标移到"音频 1"音频轨道中的素材上，单击鼠标右键，在弹出的快捷菜单中单击 重命名… 命令。弹出【重命名素材】对话框，输入重命名的名称，如图 5.104 所示。单击 确定 按钮完成音频轨道素材重命名，如图 5.105 所示。

图 5.102　　　　　　　　　　图 5.103　　　　　　　　　　图 5.104

步骤 11：方法同上。给"音频 2"轨道中的音频素材重命名，最终效果如图 5.106 所示。

步骤 12：将特效组中的 PitchShifter (变调)音频特效拖曳到"音频 2"音频轨道的素材上，如图 5.107 所示。

图 5.105　　　　　　　　　　图 5.106　　　　　　　　　　图 5.107

步骤 13：在【特效控制台】中设置"PitchShifter"(变调)音频特效参数，具体设置如图 5.108 所示，此时，监听播放效果，解说的音调被降低，解说词变得更加低沉。

步骤 14：在【特效控制台】中重新设置"PitchShifter"(变调)音频特效参数，具体设置如图 5.109 所示，此时，监听播放效果，解说词变得类似卡通的效果。

图 5.108   图 5.109

视频播放：改变声音的音调的详细讲解，请观看配套视频"改变声音的音调.flv"。

3. 改变声音的速度

为了操作方便，在这里新创建一个"序列 02"窗口，将素材拖曳到"序列 02"窗口中的"音频 1"音频轨道中，再进行声音的速度调整。具体操作方法如下。

步骤 1：在菜单栏中单击 文件(F) → 新建(N) → 序列(S) 命令，弹出【新建序列】对话框，在该对话框中的 序列名称: 右边的文本输入框中输入"序列 02"文本。单击 确定 按钮即可创建一个"序列 02"。

步骤 2：将"可爱小宝.mpg"素材拖曳到【序列 02】窗口的"视频 1"轨道中，如图 5.110 所示。

步骤 3：单选"音频 1"轨道中的音频素材，在菜单栏中单击 素材(C) → 速度/持续时间(S)... 命令，弹出【素材速度/持续时间】对话框，具体设置如图 5.111 所示。

步骤 4：单击 确定 按钮完成设置。监听播放效果，"可爱小宝.mpg"的视频和音频的速度变慢。同时音调被降低，声音变得缓慢而低沉，轨道中的素材被拉长，如图 5.112 所示。

图 5.110   图 5.111   图 5.112

步骤 5：单选"视频 1"轨道中的素材，在菜单栏中单击 素材(C) → 速度/持续时间(S)... 命令，弹出【素材速度/持续时间】对话框，具体设置如图 5.113 所示。

步骤 6：单击 确定 按钮完成设置。监听播放效果，"可爱小宝.mpg"视频和音频速度都变快，同时音调变高，声音速度变快，声音变尖。

可以对变速选项进行修改，使得在音频被改变速度时仍保持原有的音调。单选"视频 1"轨道中的素材，在菜单栏中单击 素材(C) → 速度/持续时间(S)... 命令，弹出【素材速度/持续时间】对话

【参考视频】

框，具体设置如图 5.114 所示。单击 确定 按钮完成设置。监听播放效果，"可爱小宝.mpg"
视频和音频速度都变快，同时音调被提高，说话声语速变快，但声音的音调不变。

| 图 5.113 | 图 5.114 |

提示：从上面的案例介绍可知，改变视频和音频的速度时，其素材长度也一起发生改
变，相对于视频来说，音频更为敏感，音频速度的变化更会引人注意。大多数情况下，为
了保持原有的音频效果，应尽量避免音频速度的变化，一般情况下在对视、音频做变速处
理时，应将音频分离出来单独处理视频，然后再对音频和视频进行对位。

视频播放：改变声音的速度的详细讲解，请观看配套视频"改变声音的速度.flv"。

5.4.4　举一反三

利用本案例所学的知识，收集一些音频素材，练习声音进行变调和变速效果的操作。

5.5　调　音　台

5.5.1　影片预览

影片在本书提供的配套素材中的"第 5 章　强大的音频特效/最终效果/5.5 调音台.mp3"
文件中。通过试听该音频效果了本案例的最终效果。本案例主要介绍【调音台】的基本组
成、【调音台】的使用方法和技巧。

5.5.2　本案例画面及制作步骤(流程)分析

调音台面板如下：

案例制作的大致步骤：

```
创建新项目，将素材导    →    【调音台】的具体    →    【调音台】的相
入【项目】中                 介绍                      关操作
```

5.5.3　详细操作步骤

案例引入：

(1)【调音台】主要由哪几部分组成？

(2)【调音台】的主要作用是什么？

(3) 怎样使用【调音台】？

(4) 在【调音台】中给轨道添加音频特效与在【特效控制台】中添加音频特效有什么区别？

1．创建新项目和导入素材

步骤 1：启动 Premiere Pro CS6 软件，创建一个名为"调音台.prproj"的项目文件。

步骤 2：导入音频素材。

视频播放：创建新项目和导入素材的详细讲解，请观看配套视频"创建新项目和导入素材.flv"

2．了解【调音台】

1) 音频素材的两种编辑方式

在 Premiere Pro CS6 中，对音频素材的编辑主要有如下两种方式。

第一种方式，前面介绍的通过【特效控制台】窗口对音频素材进行编辑。

第二种方式，就是本案例中要介绍的通过【调音台】窗口对音频素材进行编辑。

使用以上两种方式进行编辑的作用范围有所不同。

通过【特效控制台】窗口调节参数只对音频轨道中选中的某一段音频素材起作用，而音频轨道中的其他素材不受影响；通过【调音台】窗口调节参数，则对当前整个音频轨道起作用。也就是说，不管当前音频轨道上有多少个独立的音频素材，都受【调音台】窗口的参数统一控制。

2) 打开【调音台】窗口以及了解它的基本组成

Premiere Pro CS6 中的【调音台】窗口是一个可视化编辑窗口，通过【调音台】窗口可以直观、方便地调节各个参数。该窗口将【序列】窗口中的音频轨道形象有序地排列在一起。与录音棚中的控制台非常相似，通过【调音台】窗口可以对多个音频轨道进行编辑。例如，给音频轨道添加音频特效、自动化操作和调节音频轨道的子混合等。

打开【调音台】窗口，方法如下。

步骤 1：在菜单栏中单击窗口(W)→调音台→调音台命令，即可将【调音台】窗口打开，如图 5.115 所示。

【参考视频】

提示：如果该项目中有多个"序列"窗口，在菜单栏中单击 窗口(W) → 调音台 命令，弹出二级子菜单，如图 5.116 所示，显示出所有"序列"窗口的名称，单击相应的"序列"窗口名称，即可打开相应的【调音台】窗口。

步骤 2：在 Premiere Pro CS6 中的界面中单击 调音台 标签，即可打开当前序列的【调音台】窗口。

步骤 3：如果有多个"序列"，在【调音台】列表中单击 调音台：调音台 ▼ 标签，弹出下拉菜单，如图 5.116 所示。

提示：在 Premiere Pro CS6 中，【调音台】不能共用，每一个序列对应一个【调音台】。

【调音台】窗口主要由"调音台列表""音频轨道标签""自动控制模式""显示/隐藏效果与发送"按钮、"摇摆、均衡控制""轨道状态""音量控制""轨道输出""编辑播放"和"面板菜单"组成。

视频播放：了解【调音台】详细讲解，请观看配套视频"了解【调音台】.flv"。

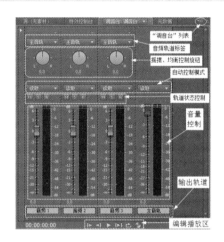

图 5.115

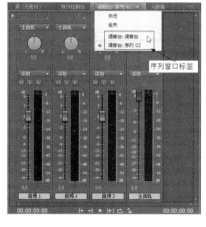

图 5.116

3. 【调音台】的具体介绍

1) 调音台列表

调音台列表主要由调音台列表栏、当前时间码和总时码 3 部分组成，如图 5.117 所示。

(1) 调音台列表栏：主要作用是用来快速切换不同序列的【调音台】窗口。

(2) 当前时间码：主要用来快速定位编辑点。

(3) 总时码：主要用来显示当前序列窗口中音频总时长。

2) 音频轨道标签

音频轨道标签主要用来显示序列窗口中的音频轨道道数和对音频轨道进行编辑，其结果与在"序列"窗口中对音频轨道进行编辑一样。

对轨道标签进行重命名，方法如下。

【参考视频】

步骤1：选择需要重命名的音频轨道标签，此时，被选中的标签呈蓝色显示，如图5.118所示。

步骤2：输入需要的名称，在这里输入"配音"，按"Enter"键即可，如图5.118所示。

3) 自动控制模式

自动控制模式主要有关闭、取读、锁存、触动和写入5种模式，如图5.119所示。

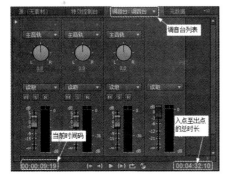
图 5.117

图 5.118

图 5.119

(1) 关闭模式，选择该模式，则忽略所有自动控制的操作。

(2) 读取模式，选择该模式，只执行先前对音频轨道修改的变化值，对当前的操作忽略不计。

(3) 锁存模式，选择该模式，对音频轨道的修改都会被记录成关键帧动画，且保持最后一个关键帧的状态到下一次编辑操作的开始。

(4) 触动模式，选择该模式，对音频轨道的修改都会被记录成关键帧动画，且在最后一个操作结束时，自动回到"触动"编辑前的状态。

(5) 写入模式，选择该模式，对音频轨道的修改都会被记录成关键帧动画，且在最后一个操作结束时，自动将模式切换到触动模式，等待继续编辑。

4) 摇摆、均衡控制

摇摆、均衡控制区，如图5.120所示。包括一个旋钮和一个参数调节区。

将鼠标光标移到旋钮上，按住鼠标左键进行上下移动，即可调节摇摆指针偏左还是偏右来调节音频的左右声道平衡。也可以直接在参数调节区输入数值来调节音频的左右声道平衡。输入负值，则向左声道偏移。输入正值，则向右声道偏移到。

5) 轨道状态

轨道状态包括■(静音轨道)按钮、■(独奏轨)按钮和■(激活录制轨)3个按钮，如图5.121所示。

(1) ■(静音轨道)按钮，单击该按钮，将当前的音频轨道设置为静音状态。

(2) ■(独奏轨)按钮，单击该按钮，将当前音频轨道之外的其他音频轨道设置为静音状态。

(3) ■(激活录制轨)按钮，单击该按钮，将外部音频设备输入的音频信号录制到当前音频轨道。

6) 音量控制

音量控制主要用来对当前轨道的音量进行调节，上下移动■(音量滑块)按钮，即可实时控制当前轨道的音量，如图 5.122 所示。

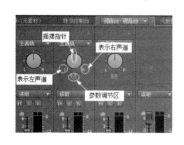

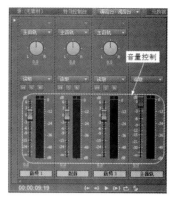

图 5.120　　　　　　　　　　图 5.121　　　　　　　　　　图 5.122

7）轨道输出

轨道输出区主要用来控制轨道的输出状态，单击 主音轨 按钮，在弹出的下拉菜单中，可以将当前音频轨道制定输出到一个子混合轨道或主音轨道当中。

8）编辑播放

编辑播放区主要控制音频的播放状态，编辑播放区如图 5.123 所示。

(1) ▐◀(跳转到入点)按钮，单击该按钮，将时间指示器移到入点位置。

(2) ▶▌(跳转到出点)按钮，单击该按钮，将时间指示器移到出点位置。

(3) ▶(播放-停止切换)按钮，单击该按钮，开始播放音频。

(4) ▶▌(播放入点到出点)按钮，单击该按钮，播放入、出点之间的音频。

(5) ⤢(循环)按钮，单击该按钮，循环播放音频。

(6) ●(录制)按钮，单击该按钮，开始录制音频设备输入的信号。

9）面板菜单

通过面板菜单可对当前【调音台】窗口进行设置。单击【调音台】窗口右上角的 ▤ 按钮，弹出下拉菜单，如图 5.124 所示。

(1) 显示/隐藏轨道... 命令，主要用来调节当前【调音台】窗口中轨道的可见状态。单击该命令，弹出【显示/隐藏轨道】对话框，根据项目要求，选择需要显示或隐藏的音频轨道，如图 5.125 所示，单击 确定 按钮即可。

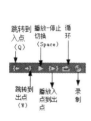

图 5.123　　　　　　　　　　图 5.124　　　　　　　　　　图 5.125

(2) 显示音频时间单位 命令，勾选此项，序列窗口中时间标尺以音频显示。

(3) 循环 命令，勾选此项，播放音频时，循环播放。

(4) 仅静音输入 命令，勾选此项，只显示主音轨的电平，隐藏其他音轨和控制器。

(5) 切换到写后触动 命令，勾选此项，在写入模式状态时，对音轨写入操作完成后，将自动切换到触动模式。

10) 效果设置区

在【调音台】窗口中单击▶(显示/隐藏效果与发送)按钮，打开效果设置区域，如图 5.126 所示。

在"音频效果添加区"最多可以为音频轨道添加 5 个音频特效，在"音频子混合设置区"也最多可以设置 5 个子混合。

子混合是当前序列的音频输出到主音轨的过渡音轨。对多个音轨使用相同的效果时，常用子混合来实现，如图 5.127 所示。

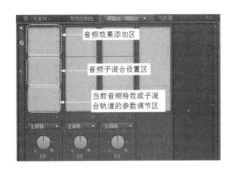

图 5.126　　　　　　　　　　　图 5.127

提示："子混合音轨"可以接受多个音轨的输出，且"子混合音轨"之间可以混合输出。

视频播放：【调音台】的详细讲解，请观看配套视频"【调音台】的具体介绍.flv"。

4. 【调音台】的相关操作

【调音台】的应用主要包括给音频轨道添加音频特效、给音频轨道添加子混合效果、编辑音频轨道特效和子混合、删除音频特效以及子混合效果和自动控制的实际操作。

1) 给音频轨道添加音频特效

步骤 1：将"优美音乐.mp3"音频文件拖曳到"音频 1"轨道中，如图 5.128 所示。

步骤 2：在【调音台】窗口中单击▶(显示/隐藏效果与发送)按钮，打开效果设置区域，如图 5.129 所示。

步骤 3：在"音频 1"下面的音频效果区域单击▼(效果选择)按钮，弹出下拉菜单，如图 5.130 所示，将光标移到"使用右声道"音频特效上单击，即可将"使用右声道"音频特效添加到"音频 1"轨道中。

提示：这样添加的音频特效对"音频 1"轨道中的所有音频素材起作用。

【参考视频】

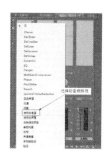

图 5.128　　　　　　　　　图 5.129　　　　　　　　　图 5.130

步骤 4：方法同上。可以继续为"音频 1"轨道添加最多 5 个音频特效，如图 5.131 所示。

2）给音频轨道添加子混合效果

步骤 1：在"音频 1"下面的音频效果区域单击▼(发送任务选择)按钮，弹出下拉菜单，如图 5.132 所示。将光标移到"创建立体声子混合"项上单击即可，如图 5.133 所示。

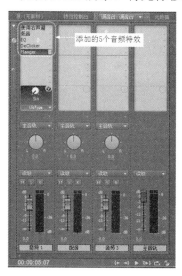

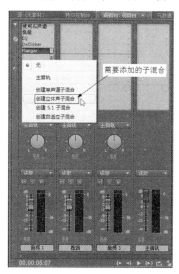

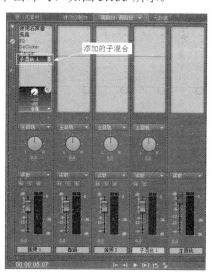

图 5.131　　　　　　　　　图 5.132　　　　　　　　　图 5.133

步骤 2：方法同上。可以继续为"音频 1"轨道添加最多 5 个音频子混合。

提示：在 Premiere Pro CS6 中，子混合有单声道子混合、立体声子混合、创建自适应子混合和 5.1 子混合 4 种类型，读者要根据实际项目要求选择子混合类型。

3）编辑音频轨道特效和子混合

音频轨道特效的编辑与音轨子混合的编辑方法相同，在这里以编辑音频轨道特效为例进行介绍。具体操作步骤如下。

步骤 1：在音频特效区单击需要编辑的音频特效。

步骤 2：在参数编辑区单击▼按钮，弹出下拉菜单，在弹出的下拉菜单中单击需要调节的参数选项，如图 5.134 所示。

步骤 3：将光标移到参数编辑区的旋转按钮上，按住鼠标左键不放的同时进行左右移动即可调节指针的旋转，如图 5.135 所示。

步骤 4：方法同上。可以对添加的任意音频特效和子音轨进行调节。

4) 删除音频特效以及子混合

删除音频特效与删除子混合的方法完全相同。在这里以删除子混合为例。具体操作步骤如下。

步骤 1：在"音频 1"下面的音频效果区域单击 (发送任务选择)按钮，弹出下拉菜单，如图 5.136 所示，将光标移到"无"项上单击即可将"子混合 1"删除。

步骤 2：方法同上，删除所有音频特效和子混合之后的效果，如图 5.137 所示。

5) 自动控制的实际操作

每一个音频轨道都有 5 种自动控制模式，默认情况下都为"读取"模式，在这里对其中几种模式分别进行对比讲解。

图 5.134

图 5.135

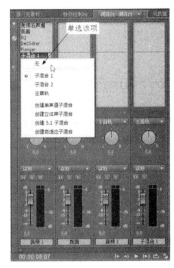
图 5.136

图 5.137

（1）"写入"模式。

步骤 1：将"音频 1"的自动模式设置为"写入"模式，如图 5.138 所示。

步骤 2：按键盘上的空格键播放视、音频轨道中的素材，同时，在【调音台】窗口中上下移动"音频 1"轨道中的▇(音量滑块)按钮，然后释放鼠标，播放结束后，"音频 1"音频轨道中记录音量变化的关键帧，如图 5.139 所示。

步骤 3：按键盘上的空格键播放，在【调音台】窗口中可以看到"音频 1"轨道中的▇(音量滑块)按钮按上次"写入"模式的记录上下移动。

（2）"触动"模式。

步骤 1：将"音频 1"的自动控制模式设置为"触动"模式，如图 5.140 所示。

图 5.138

图 5.139

图 5.140

步骤 2：按键盘上的空格键播放视、音频轨道中的素材，同时，在【调音台】窗口中上下移动"音频 1"轨道中的▇(音量滑块)按钮，然后释放鼠标。播放结束后，"音频 1"音频轨道中记录音量变化的关键帧，如图 5.141 所示。

提示："触动"模式与"写入"模式相比，"写入"模式从播放开始记录关键帧，而"触动"模式从数值改变处开始记录，如果播放后数值没有改变则不作记录，此外在记录过程中释放鼠标时，写入的数值保持不变，而"触动"模式的数值则会自动回到原来的数值。

（3）"锁存"模式。

步骤 1：将"音频 1"的自动控制模式设置为"锁存"模式，如图 5.142 所示。

步骤 2：按键盘上的空格键播放视、音频轨道中的素材，同时，在【调音台】窗口中上下移动"音频 1"轨道中的▇(音量滑块)按钮，然后释放鼠标。播放结束后，"音频 1"音频轨道中记录音量变化的关键帧，如图 5.143 所示。

提示："锁存"模式与"写入"模式相比，"写入"模式从播放时开始记录关键帧，而"锁存"模式与"触动"模式一样从有数值改变处开始记录。在记录过程中释放鼠标，"锁存"模式又与"写入"模式一样，数值保持不变，但又不同于"触动"模式会自动返回到原来的数值。这 3 种自动控制模式不仅可以记录音量操作，还可以记录声音的平衡及打开或关闭当前音频轨道声音的操作。

视频播放：【调音台】的应用详细讲解，请观看配套视频"【调音台】的应用.flv"。

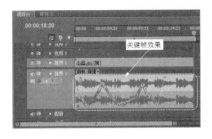

| 图 5.141 | 图 5.142 | 图 5.143 |

5.5.4 举一反三

利用本案例所学的知识，收集一些音频素材，练习【调音台】的相关操作。

5.6 5.1 声道音频的创建

5.6.1 影片预览

影片在本书提供的配套素材中的"第 5 章 强大的音频特效/最终效果/5.5 5.1 声道音频的创建.mp3"文件中。通过试听该音频效果了本案例的最终效果。本案例主要介绍 5.1 声道音频创建的方法与技巧。

5.6.2 本案例画面及制作步骤(流程)分析

5.1 声道音频轨道和输出的音频波形图如下：

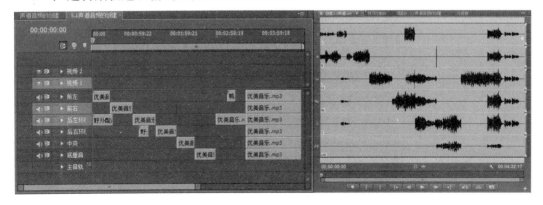

【参考视频】

案例制作的大致步骤：

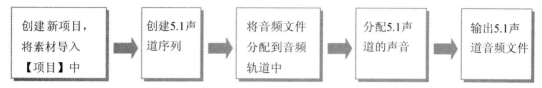

5.6.3 详细操作步骤

案例引入：

(1) 怎样创建 5.1 声道序列？

(2) 怎样改变音频文件的声道？

(3) 怎样将单声道音频文件分配到音频轨道中？

(4) 怎样分配 5.1 声道的声音？

(5) 怎样设置输出 5.1 声道音频文件的参数对话框？

1. 创建新项目和导入素材

步骤 1： 启动 Premiere Pro CS6 软件，创建一个名为 "5.1 声道音频的创建.prproj" 的项目文件。

步骤 2： 导入音频文件。

视频播放： 创建新项目和导入素材的详细讲解，请观看配套视频 "创建新项目和导入素材.flv"。

2. 创建 5.1 声道序列

步骤 1： 在菜单栏中单击 文件(F) → 新建(N) → 序列(S)... 命令，弹出【新建序列】对话框，具体设置如图 5.144 所示。

步骤 2： 单击 确定 按钮，即可完成序列文件的创建，创建的序列窗口如图 5.145 所示。

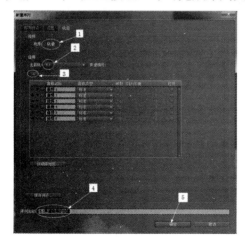

图 5.144

图 5.145

175

步骤 3：单击 调音台:5.1声道音频的创建 ▼ 标签，切换到【调音台】编辑窗口，如图 5.146 所示。

步骤 4：在【创建 5.1 声道序列】编辑窗口中对音频轨道进行重命令，将"音频 1"至"音频 6"依次重命名为"前左""前右""后左环绕""后右环绕""中央"和"低重音"，如图 5.147 所示。命名完毕之后，【创建 5.1 声道序列】编辑窗口的音频轨道名称也相应被改变，如图 5.148 所示。

图 5.146   图 5.147

步骤 5：导入的音频文件，如图 5.149 所示。

视频播放：创建 5.1 声道序列详细讲解，请观看配套视频"创建 5.1 声道序列.flv"。

图 5.148   图 5.149

3. 将音频文件分配到音频轨道中

步骤 1：将【项目】窗口中的"优美音乐.mp3"音频素材拖曳到"前左"音频轨道中，如图 5.150 所示。

步骤 2：使用 (剃刀工具)将"前左"音频轨道中的素材分割成 8 段，如图 5.151 所示。

【参考视频】

图 5.150　　　　　　　　　　　　　图 5.151

步骤 3：将分割的素材分别拖到不同的音频轨道中，如图 5.152 所示。

步骤 4：单选"前左"音频轨道中的第 2 段素材，按键盘上的"Ctrl+C"组合键复制该段素材，将"时间指示器"移到第 3 分 43 秒 7 帧的位置。

步骤 5：使用"Ctrl+C"和"Ctrl+V"组合键复制和粘贴素材，最终效果如图 5.153 所示。

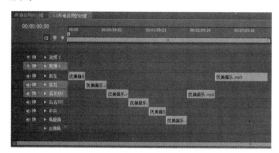

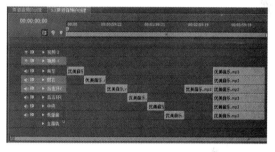

图 5.152　　　　　　　　　　　　　图 5.153

步骤 6：分别将其他导入的音频素材转换为单声道，再拖曳到需要的音频轨道中，最终效果如图 5.154 所示。

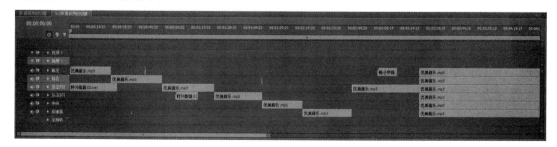

图 5.154

提示：读者可以根据自己的要求，将其他音频素材拖曳到不同的音频轨道中，不一定要按这里介绍的放置音频素材。

视频播放：将单声道音频文件分配到音频轨道中详细讲解，请观看配套视频"将单声道音频文件分配到音频轨道中.flv"。

【参考视频】

4. 分配 5.1 声道的声音

步骤 1：将光标移到【调音台】窗口"前左"音轨下的 5.1 声道调节控制器中的 (5.1 声像控制点)上，如图 5.155 所示。

步骤 2：按住鼠标左键不放的同时将 (5.1 声像控制点)移到左上角的半圆内释放鼠标，如图 5.156 所示。

图 5.155

图 5.156

步骤 3：方法同上。在【调音台】窗口中对其他音轨下的 (5.1 声像控制点)进行调节，最终效果如图 5.157 所示。

步骤 4：按键盘上的空格键监听 5.1 声道的环绕声效果，【调音台】窗口中的音轨波形变化，如图 5.158 所示。

图 5.157

图 5.158

5. 输出 5.1 声道音频文件

步骤 1：在菜单栏中单击 文件(F) → 导出(E) → 媒体(M)… 命令，弹出【导出设置】对话框，具体设置如图 5.159 所示。

步骤 2：单击 导出 按钮，即可输出 5.1 声道的音频文件。

步骤 3：将输出的 5.1 声道音频文件导入【项目】窗口中，双击观看波形图，如图 5.160 所示。

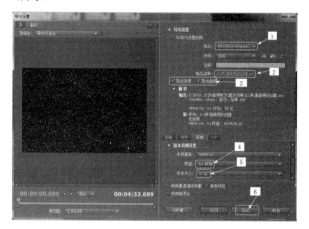

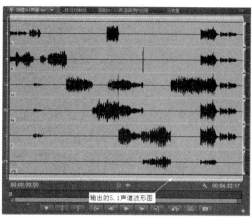

图 5.159   图 5.160

视频播放：输出 5.1 声道音频文件详细讲解，请观看配套视频"输出 5.1 声道音频文件.flv"。

5.6.4　举一反三

新建一个名为"5.1 声道音频文件练习.prproj"的项目文件，导入音频素材，使用本案例所学知识，制作一个 5.1 声道音频文件效果。

179

【参考视频】　　　　【参考视频】

第6章

后期字幕制作

1. 【字幕】窗口简介
2. 制作滚动字幕
3. 字幕排版技术
4. 绘制字幕图形

说 明

　　本章主要通过 4 个案例全面介绍简单字幕的创建、滚动字幕的创建和各种图形的绘制方法与技巧。

在影视后期制作中，字幕是非常重要的组成部分。它能够给观众带来更多的画面信息。字幕包括文字和图形两部分。视频画面、字幕和图形相结合，能表达出更为广泛的含义，例如，给各种解说、插语和画外音配上精美的字幕，将会为影视作品增色不少。

通过本章的学习，主要要求读者掌握字幕的制作，熟悉字幕面板中各项参数的调节和综合应用能力。

6.1　"字幕"窗口简介

6.1.1　影片预览

影片在本书提供的配套素材中的"第 6 章 后期字幕制作/最终效果/6.1"字幕"窗口简介.flv"文件中。通过观看影片了解本案例的最终效果。本案例主要介绍【字幕】面板的组成、字幕元素的应用和字幕属性参数介绍。

6.1.2　本案例画面及制作步骤(流程)分析

案例部分画面效果如下：

案例制作的大致步骤：

创建新项目，导入素材 ➡ 【字幕】窗口的打开 ➡ 【字幕】窗口的详细介绍

6.1.3　详细操作步骤

案例引入：

(1)【字幕】窗口的作用是什么？

(2)【字幕】窗口主要由哪几部分组成，各部分有什么作用？

(3) 什么是路径文字？怎样创建路径文字？

(4) 通过【字幕】窗口可以创建哪些图形对象？

(5) 怎样应用预制字幕样式和创建字幕背景？

1. 创建新项目和导入素材

步骤 1：启动 Premiere Pro CS6 软件，创建一个名为"【字幕】窗口简介.prproj"的项目文件。

步骤 2：利用前面所学知识导入素材。

视频播放：创建新项目和导入素材的详细介绍，请观看配套视频"创建新项目和导入素材.wmv"。

181

【参考视频】

2.【字幕】窗口的打开

在 Premiere Pro CS6 中，打开【字幕】窗口的前提是先创建一个项目文件。使用【字幕】窗口创建的字幕与其他素材具有相同的属性，用户可以对创建的字幕进行裁切、拉伸，也可添加特效和设置持续时间。

打开【字幕】窗口的具体操作如下。

步骤 1：启动 Premiere Pro CS6 软件，创建项目文件。

步骤 2：在菜单栏中单击 字幕(T) → 新建字幕(E) 命令，弹出二级子菜单，如图 6.1 所示。

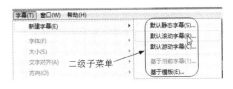

图 6.1

步骤 3：根据实际要求选择创建字幕的类型。在此，以创建默认静态字幕为例。将光标移到 默认静态字幕(S)... 命令上单击，弹出【新建字幕】对话框，根据项目要求设置对话框，具体设置如图 6.2 所示。

步骤 4：单击 确定 按钮，弹出【字幕】窗口，如图 6.3 所示。

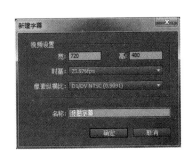

图 6.2

图 6.3

从上图可以看出，【字幕】窗口由"字幕类型控制区""字幕工具栏""排列、居中和分布区""字幕工作区""字幕样式控制区"和"字幕属性控制区"6 部分组成。

提示：在影视作品或有关介绍性视频中，字幕起到非常关键性的作用。为了防止字幕在电视播放中被自动裁剪掉，在 Premiere Pro CS6 中提供了"字幕安全框"，字幕放置在"字幕安全框"内，一般情况可以保证字幕不被裁掉。

视频播放：【字幕】窗口的打开的详细介绍，请观看配套视频"【字幕】窗口的打开.wmv"。

【参考视频】

3. 【字幕】窗口的详细介绍

1) 字幕类型控制区

"字幕类型控制区"主要用来新建字幕、调节字幕的运动属性、设置字体、选择对齐方式、制表符设置和调节字幕的视频背景显示等。

"字幕类型控制区"各个功能的详细介绍如下。

(1) ▣ (基于当前字幕新建)：主要用来在当前【字幕】窗口中新建字幕文件。具体操作方法如下。

步骤 1：单击▣ (基于当前字幕新建)按钮，弹出【新建字幕】对话框。

步骤 2：根据实际要求设置参数，具体设置如图 6.4 所示，单击 确定 按钮即可创建一个新字幕，如图 6.5 所示。

提示：单击▣ (基于当前字幕新建)按钮创建的字幕，包括了当前字幕中的所有内容。

(2) ▤ (滚动/游动选项(R))：主要用来调节当前正在编辑的字幕运动属性。具体操作方法如下。

步骤 1：单击▤ (滚动/游动选项(R))按钮，弹出【滚动/游动选项】对话框。

步骤 2：根据实际要求设置参数，单击 确定 按钮，即可制作一个运动字幕文件。

(3) ▥ (模板(M)…)：主要用来选择字幕模板。具体操作方法如下。

步骤 1：单击▥ (模板(M)…)按钮，弹出【模板】对话框。

步骤 2：在【模板】对话框中选择模板类型和样式，单击 确定 按钮即可将选择的模板应用到字幕中。

步骤 3：根据项目要求，修改字幕模板中的文字和图形即可。

(4) **B**(粗体)/**I**(斜体)/**U**(下划线)：单击 **B**(粗体)/**I**(斜体)/**U**(下划线)按钮，即可给选中的字体设置成粗体/斜体/下划线。

(5) Adobe …(字体列表)：单击 Adobe …(字体列表)，弹出下拉菜单，如图 6.6 所示，将光标移到需要的字体上单击，即可为选择的字幕设置字体。

图 6.4

图 6.5

图 6.6

183

(6) ：主要用来调节字幕的大小。

(7) ：主要用来调节字幕之间的距离。

(8) ：主要用来调节字幕段落的行间距。

(9) ：主要用来调节字幕段落的对齐方式。

(10) …)：主要用来设置制表符。

提示：制表符设置，在后面案例中再详细介绍。

(11) ：单击隐藏背景视频，再单击一次，显示背景视频。它是一个切换按钮。

2) 字幕工具栏

字幕栏中的工具主要为用户提供创建字幕、编辑字幕和图形的各种工具。字幕工具栏如图 6.7 所示。

字幕工具栏中的各个工具介绍。

(1) ：主要来选择字幕或图形对象。对字幕或图形进行移动、删除和设置属性之前，先要使用选择对象，被选中的对象四周会出现控制点，拖动这些控制点可以改变对象的形状或大小，如图 6.8 所示。

图 6.7

图 6.8

提示：使用，如果按住键盘上的"Shift"键可以加选多个对象；如果在窗口拖出一个选择框，方框内的所有对象都被选中；如果按"Ctrl+A"组合键，可选中当前【字幕】窗口中的所有对象；使用键盘中的(上、下、左、右)键可以对选择对象进行微调。

(2) ：主要用来对选择的对象进行旋转操作，如图 6.9 所示。

图 6.9

(3) ▣(输入工具)：主要用来输入横排文字。

步骤 1：在工具箱中单击▣(输入工具)工具。将光标移到字幕工作区中需要输入文字的地方，出现▣图标。

步骤 2：单击鼠标左键，即可输入文字，如图 6.10 所示。

提示：如果需要对已有的横排字幕进行修改(删除或添加字幕文字)，先要使用▣(输入工具)工具激活横排字幕。

(4) ▣(垂直文字工具)：主要用来输入垂直排列文字。

步骤 1：在工具箱中单击▣(垂直文字工具)，将光标移到字幕工作区中需要输入文字的地方，出现▣图标。

步骤 2：单击鼠标左键即可输入文字，如图 6.11 所示。

(5) ▣(区域文字工具)：主要用来在字幕工作区输入段落横排文字。

步骤 1：在工具箱中单击▣(区域文字工具)，将光标移到字幕工作区中输入段落文字的起始位置，出现▣图标。

步骤 2：按住鼠标左键不放，拖曳出一个段落文字输入框，如图 6.12 所示。

图 6.10

图 6.11

图 6.12

步骤 3：输入文字或粘贴复制文字，如图 6.13 所示。

(6) ▣(路径文字工具)：主要用来输入路径文字。

步骤 1：在工具箱中单击▣(路径文字工具)，在字幕工作区中通过单击不同的位置，确定路径文字的路径，如图 6.14 所示。

步骤 2：使用▣(转换定位点工具)对创建的路径进行调节，如图 6.15 所示。

图 6.13

图 6.14

图 6.15

步骤 3：再在工具箱中单击▣(路径文字工具)，将光标移到路径上单击，即可输入文字，如图 6.16 所示。

(7) ▣(垂直路径文字工具)：主要用来输入垂直路径文字。

(垂直路径文字工具)的使用方法与 (路径文字工具)的使用方法相同，请读者参考 (垂直路径文字工具)的使用方法，输入的垂直路径文字如图 6.17 所示。

图 6.16   图 6.17

(8) (钢笔工具)：主要用来自由绘制路径和对路径上的定点进行移动等操作。

步骤 1：单选需要调节定位点的路径。

步骤 2：单击工具箱中的 (钢笔工具)，将光标移到路径的定位点上，按住鼠标左键进行移动即可，如图 6.18 所示。

图 6.18

(9) (删除定位点工具)：主要用来删除路径图形上的定位点。

步骤 1：单选需要删除定位点的路径。

步骤 2：在工具箱中单击 (删除定位点工具)，将光标移到需要删除的定位点上单击即可，如图 6.19 所示。

(10) (添加定位点工具)：主要用来在路径图形上添加定位点。

步骤 1：单选需要添加定位点的路径。

步骤 2：在工具箱中单击 (添加定位点工具)，将光标移到需要添加定位点的路径上。单击鼠标左键即可，添加一个定位点，如图 6.20 所示。

(11) (转换定位点工具)：主要用来调节路径的控制点类型和路径的样条曲率。

步骤 1：单选需要调节控制点的路径。

步骤 2：将光标移到需要调节的控制点上，按住鼠标左键拖动即可调节控制点，如图 6.21 所示。

提示：路径的控制点主要有尖角、贝塞尔切线和贝塞尔尖 3 种。可以使用 (转换定位点工具)对路径的控制点的类型进行转换。在绘制复杂的路径图形时，顶点转换工具是非常重要的一个造型工具。

图 6.19　　　　　　　　　　　　　　图 6.20

图 6.21

(12) 图形绘制工具。图形绘制工具包括■(矩形工具)、■(圆角矩形工具)、■(切角矩形工具)、■(圆矩形工具)、■(楔形工具)、■(弧形工具)、■(椭圆形工具)和■(直线工具)。这些图形绘制工具的使用方法基本相同。具体操作步骤如下。

步骤 1： 在工具栏中单击图形绘制工具，以■(矩形工具)为例。

步骤 2： 将光标移到 "字幕工作区"，按住鼠标左键不放进行拖动一段距离松开鼠标左键即可，如图 6.22 所示。

步骤 3： 其他图形绘制工具的使用方法相同，最终效果如图 6.23 所示。

图 6.22　　　　　　　　　　　　　　图 6.23

3) 排列、居中和分布区

该区域的主要作用是对字幕和图形进行各种对齐操作。主要由对齐、居中和分布 3 部分组成，如图 6.24 所示。

图 6.24

● 对齐区

对齐区包括 、、、、和 6 种对齐方式。具体介绍如下。

(1) ：主要作用是将所选对象以水平方向按物体的左边界对齐排列。

(2) ：主要作用是将所选对象以垂直方向按物体的顶边界对齐排列。

(3) ：主要作用是将所选对象以水平方向按物体的中心点居中对齐排列。

(4) ：主要作用是将所选对象以垂直方向按物体的中心点居中对齐排列。

(5) ：主要作用是将所选对象以水平方向按物体的右边界对齐排列。

(6) ：主要作用是将所选对象以垂直方向按物体的底边界对齐排列。

● 居中区

居中区包括 和 2 种居中方式。具体介绍如下。

(1) ：主要作用是将所选对象，按屏幕中心垂直居中对齐。

(2) ：主要作用是将所选对象，按屏幕中心水平居中对齐。

● 分布区

分布区包括 、、、、、、和 8 种分布方式。

(1) ：主要作用是将所选对象以水平方向按物体的左边界平均分布。

(2) ：主要作用是将所选对象以垂直方向按物体的顶边界平均分布。

(3) ：主要作用是将所选对象以水平方向按物体的中心点居中平均分布。

(4) ：主要作用是将所选对象以垂直方向按物体的中心点居中平均分布。

(5) ：主要作用是将所选对象以水平方向按物体的右边界平均分布。

(6) ：主要作用是将所选对象以垂直方向按物体的底边界平均分布。

(7) ：主要作用是将所选对象以水平方向平均分布。

(8) ：主要作用是将所选对象以垂直方向平均分布。

4) 字幕工作区

该区域的主要作用是显示创建的字幕和图形，如图 6.25 所示。

字幕工作区是【字幕】窗口的核心区域。字幕、图形的创建、编辑和预览主要通过该区域来完成。

5）字幕样式

该区域的主要作用是为用户提供各种预制的 Premiere Pro CS6 自带的精彩的字幕样式，也可以将用户自定义的字幕存储为新的样式。字幕样式如图 6.26 所示。

字幕样式的应用如下：

步骤 1： 在字幕工作区中单选需要应用字幕样式的字幕，如图 6.27 所示。

图 6.25　　　　　　　　　图 6.26　　　　　　　　　图 6.27

步骤 2： 在字幕样式区中单击需要应用的字幕样式即可，如图 6.28 所示。

步骤 3： 在字幕参数控制区修改字幕的字体，选择 Adobe Kaiti Std 字体，效果如图 6.29 所示。

图 6.28　　　　　　　　　　　　　　　　图 6.29

6）字幕参数控制区

该区域的主要作用是调节字幕的大小、颜色、阴影、描边和坐标位置等相关属性。

字幕参数控制区由字幕属性的变换、属性、填充、描边、阴影和背景 6 个参数组组成，如图 6.30 所示。

参数组中的参数调节的具体操作方法如下：

步骤 1： 在字幕工作区中单选需要调节属性的字幕或图形。

步骤 2： 在字幕参数控制区中调节相应参数即可。

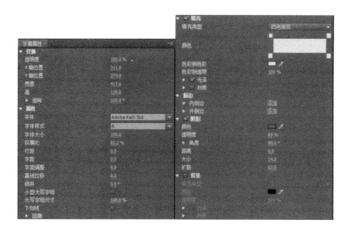

图 6.30

各个参数的作用如下：

"变换"参数组中的参数主要用来调节对象的位置、宽度、高度和旋转角度等属性。

(1) 透明度 参数，主要用来调节选定对象的透明程度，如图 6.31 所示。

图 6.31

(2) X轴位置 / Y轴位置 参数，主要用来调节选定对象在 X 轴(水平)/Y 轴(垂直)方向上的位置。

(3) 宽/高 参数，主要用来调节选定对象的宽度/高度的数值。

(4) 旋转 参数，主要用来对选定对象进行旋转调节，如图 6.32 所示。

图 6.32

"属性"参数组中的参数主要用来调节字幕的字体类型、字间距、行间距和扭曲程度等属性。

(1) 字体 参数，主要用来调节字幕的字体。单击 字体 右边的 ▼ 按钮，在弹出的下拉菜单中单击需要的字体即可。字体下拉列表如图 6.33 所示。

图 6.33

(2) 字体样式 参数，主要用来调节字幕的字体样式。

提示："属性"参数组中的"字体"和"字体样式"参数的作用与"字幕类型控制区"中"字体"和"字体样式"参数的作用完全相同。

(3) 字体大小 参数，主要用来调节字幕的大小，如图 6.34 所示。

(4) 纵横比 参数，主要用来调节字幕的长宽比例，如图 6.35 所示。

图 6.34

图 6.35

(5) 行距 参数，主要用来调节字幕的行间距，如图 6.36 所示。

(6) 字距 参数，主要用来调节字幕中字体之间相邻距离的大小，如图 6.37 所示。

图 6.36

图 6.37

(7) 字距调整参数，主要用来调节所选字体之间的距离，如图 6.38 所示。

图 6.38

(8) 基线位移参数，主要用来调节所选字体与基线之间的距离，如图 6.39 所示。

提示：在横排文字中，当"基线位移"参数的值为正时向上偏移，当"基线位移"参数的值为负时向下偏移；在竖排文字中，当"基线位移"参数的值为正时向右偏移，当"基线位移"参数的值为负时向左偏移。

(9) 倾斜参数，主要用来调节所选字体的倾斜程度，如图 6.40 所示。

图 6.39   图 6.40

(10) 小型大写字母参数，勾选此项，将字幕中的小写字母也转换为大写字母，如图 6.41 所示。

(11) 大写字母尺寸参数，主要用来调节大写字母的大小，如图 6.42 所示。

图 6.41   图 6.42

(12) 下划线参数，主要用来给选择的字母添加下划线，如图 6.43 所示。

图 6.43

(13) 扭曲 参数，主要用来对字幕进行变形调节，如图 6.44 所示。

"填充"参数组中的参数主要用来调节对象的颜色、光泽度和纹理等属性。

(1) 填充类型 参数，主要用来选择对象的填充类型。单击 填充类型 右边的 ▼ 下拉菜单，如图 6.45 所示，包括 7 种填充类型。

图 6.44

图 6.45

① "实色"填充，为默认填充类型，主要使用单一颜色对对象进行填充，如图 6.46 所示。

图 6.46

② "线性渐变"填充，主要使用线性渐变的方式对对象进行填充，如图 6.47 所示。

③ "放射渐变"填充，主要使用两种颜色放射渐变的方式对对象进行填充，如图6.48所示。

④ "四色渐变"填充，主要使用4种颜色渐变填充对象，如图6.49所示。

图6.47　　　　　　　　　　图6.48　　　　　　　　　　图6.49

⑤ "斜面"填充，主要通过颜色的变化生成一个斜面，使对象产生浮雕效果，如图6.50所示。

⑥ "消除"填充，主要将对象的实体部分删除，只保留描边框和阴影框。该填充类型没有参数，通常与描边和阴影参数配合使用，如图6.51所示。

⑦ "残像"填充，主要将对象的实体部分删除，只保留描边框和阴影框。该填充类型没有参数，通常与描边和阴影参数配合使用，如图6.52所示。

图6.50　　　　　　　　　　图6.51　　　　　　　　　　图6.52

(2) 颜色参数，主要用来调节填充的颜色。

(3) 透明度参数，主要用来调节填充颜色的透明程度。

(4) 光泽参数，勾选此项，为对象添加光照效果，参数面板如图6.53所示。

① 颜色参数，主要用来调节光泽效果的颜色。

② 透明度参数，主要用来调节光泽效果的透明度。

③ 大小参数，主要用来调节光泽效果的大小。

④ 角度参数，主要用来调节光泽效果的方向。

⑤ 偏移参数，主要用来调节光泽效果的偏移量。

(5) 材质参数，勾选此项，则为选择对象填充一种材质效果。参数面板如图6.54所示。

① 材质参数，主要为选择对象填充材质。单击材质右边的图标，弹出【选择材质图像】对话框，在该对话框中选择如图6.55所示的图片，单击打开(O)按钮即可为选定的对象添加材质，如图6.56所示。

图 6.53

图 6.54

图 6.55

图 6.56

② 对象翻转 参数，勾选此项，添加的材质图案将随对象同步翻转。

③ 对象旋转 参数，勾选此项，添加的材质图案将随对象同步旋转。

④ 缩放 参数组，主要用来调节材质图案的填充方式、缩放尺寸和平铺效果。

X轴对象 参数，主要用来调节材质图案在水平方向上的填充方式，有"材质""切面""面"和"扩展字符" 4 种填充方式。

Y轴对象 参数，主要用来调节材质图案在垂直方向上的填充方式，有"材质""切面""面"和"扩展字符" 4 种填充方式。

水平 参数，主要用来调节材质图案在水平方向上的缩放比例。

垂直 参数，主要用来调节材质图案在垂直方向上的缩放比例。

平铺 X 参数，勾选此项，打开材质在水平方向的平铺效果。

平铺 Y 参数，勾选此项，打开材质在垂直方向的平铺效果。

⑤ 对齐 参数组，主要用来调节材质图案的对齐方式。

X轴对象 参数：主要用来调节材质图案与对象在水平方向上的对齐方式，有"材质""切面""面"和"扩展字符" 4 种对齐方式。

X轴标尺 参数，主要用来调节材质图案在 X 轴向上的对齐方式，有"左""居中"和"右" 3 种对齐方式。

Y轴对象 参数，主要用来调节材质图案与对象在垂直方向上的对齐方式，有"材质""切面""面"和"扩展字符" 4 种对齐方式。

Y轴 标尺 参数，主要用来调节材质图案在 Y 轴向上的对齐方式，有"左""居中"和"右" 3 种对齐方式。

X轴偏移 参数，主要用来调节材质图案在水平方向的偏移量。

Y轴偏移 参数，主要用来调节材质图案在垂直方向的偏移量。

⑥ 混合 参数组，主要用来调节材质图案与填充色的混合方式。

混合 参数，主要用来调节材质图案与填充颜色的混合的百分比。

填充键 参数，勾选此项，则对象的 Alpha 值由填充色的透明度决定。

材质键 参数，勾选此项，则对象的 Alpha 值由材质图案的透明度决定。

Alpha 缩放 参数，主要用来调节 Alpha 值的比例。

合成通道 参数，主要用来选择混合时的通道，有"无""红色""蓝色""绿色"和"Alpha" 5 种通道混合方式。

反转混合 参数，勾选此项，则翻转 Alpha 通道。

"描边"参数组参数介绍。

"描边"参数组主要包括"内侧边"和"外侧边"两大类参数。用来调节对象的内外侧的描边效果。"描边"参数组参数面板如图 6.57 所示。

"内侧边"参数组主要用来调节内侧描边的效果。

(1) 内侧边 参数，单击 内侧边 右边的 添加 按钮，即可给选定对象添加一个内侧描边效果。

(2) 类型 参数，主要用来调节内侧描边的类型，有"深度""凸出"和"凹进"3 种内描边效果。

(3) 大小 参数，主要用来调节内侧描边的宽度。

(4) 角度 参数，主要用来调节内侧描边的投射方向。

(5) 填充类型 参数，主要用来调节内侧描边的填充类型，包括 7 种填充类型，如图 6.58 所示。

提示：这 7 种填充类型的作用与前面"填充"参数组中的填充类型的作用完全一样，读者可以参考前面的介绍。

(6) 颜色 参数，主要用来调节内侧描边的边框颜色。

(7) 透明度 参数，主要用来调节内侧描边的边框透明程度。

(8) 光泽 / 材质 参数组，主要用来调节内侧描边的光照效果/材质填充效果。

提示：内侧描边的"光泽"参数和"材质"参数组中的参数与前面介绍的"填充"参数组中的"光泽"参数和"材质"参数组的作用和调节方法完全相同，在此就不再详细介绍。

"外侧边"参数组主要用来调节外侧描边的效果，其中的参数与"内侧边"参数组中的参数完全相同。在此就不再详细介绍。

"内侧边"和"外侧边"实例效果参数设置，如图 6.59 所示。实例效果如图 6.60 所示。

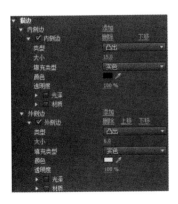

图 6.57

图 6.58

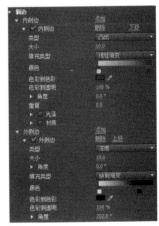

图 6.59

"阴影"参数组主要用来调节对象的阴影效果。勾选此项，即可为选定对象添加阴影效果。"阴影"参数面板如图 6.61 所示。

(1) 颜色 参数，主要用来调节阴影的颜色。

(2) 透明度 参数，主要用来调节阴影的透明程度。

(3) 角度 参数，主要用来调节阴影的投射角度。

(4) 距离 参数，主要用来调节阴影与对象之间的距离。

(5) 大小 参数，主要用来调节阴影的宽度大小。

(6) 扩散 参数，主要用来调节阴影的羽化程度。

给选定对象添加阴影效果的参数设置，如图 6.62 所示，效果如图 6.63 所示。

图 6.60　　　　　　　　图 6.61　　　　　　　　图 6.62　　　　　　　　图 6.63

"背景"参数组主要用来调节背景的颜色、角度、重复、光泽和材质等参数，"背景"参数组面板，如图 6.64 所示。

(1) 填充类型 参数，主要用来调节背景的填充类型。包括"实色""线性渐变""放射渐变""四色渐变""斜面""消除"和"残像"7 种填充类型。

(2) 颜色 参数，主要用来调节背景的填充颜色。

(3) 透明度 参数，主要用来调节背景填充颜色的透明程度。

(4) 光泽 / 材质 参数组，主要用来调节背景填充的光照效果/材质填充效果。

勾选"背景"参数组并设置"背景"参数组参数，具体设置如图 6.65 所示，效果如图 6.66 所示。

 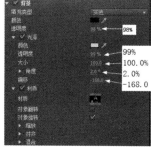 

图 6.64　　　　　　　　图 6.65　　　　　　　　图 6.66

视频播放：【字幕】窗口的详细介绍的详细介绍，请观看配套视频"【字幕】窗口的详细介绍.wmv"。

【参考视频】

6.1.4　举一反三

使用该案例介绍的方法，创建一个名为"【字幕】窗口简介举一反三.prproj"的节目文件，根据配套资源中提供的素材，制作如下效果并输出命名为"【字幕】窗口简介举一反三.flv"文件。

6.2　制作滚动字幕

6.2.1　影片预览

影片在本书提供的配套素材中的"第 6 章 后期字幕制作/最终效果/6.2 制作滚动字幕.flv"文件中。通过观看影片了解本案例的最终效果。本案例主要介绍滚动字幕制作的方法与技巧。

6.2.2　本案例画面及制作步骤(流程)分析

案例部分画面效果如下：

案例制作的大致步骤：

6.2.3　详细操作步骤

案例引入：

(1) 滚动字幕制作的原理是什么？

(2) 怎样调节【滚动/游动选项】对话框的参数？

(3) 什么是游动字幕？什么是滚动字幕？

1. 创建新项目和导入素材

步骤 1：启动 Premiere Pro CS6 软件，创建一个名为"制作滚动字幕.prproj"的项目文件。

步骤 2：导入如图 6.67 所示的素材。

步骤 3：将素材拖曳到"制作滚动字幕"序列窗口中的轨道中，如图 6.68 所示。在【节目监视器】窗口中的效果如图 6.69 所示。

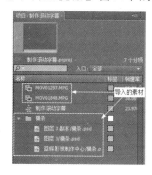　　　　

图 6.67　　　　　　　　　图 6.68　　　　　　　　　图 6.69

视频播放：创建新项目和导入素材的详细介绍，请观看配套视频"创建新项目和导入素材.wmv"。

2. 制作滚动字幕

步骤 1：在菜单栏中单击 字幕(T) → 新建字幕(E) → 默认滚动字幕(R)… 命令，弹出【新建字幕】对话框，具体设置如图 6.71 所示。

步骤 2：单击 确定 按钮，弹出【字幕】窗口。

步骤 3：在【字幕】窗口中单击 ▦(区域文字工具)按钮，在字幕工作区拖曳出一个文字输入区域，如图 6.72 所示。

图 6.70　　　　　　　　　图 6.71　　　　　　　　　图 6.72

步骤 4：输入滚动的字幕文字，如图 6.73 所示。

步骤 5：单击 ▣ 按钮关闭【字幕编辑】窗口。在【项目库】中的效果如图 6.74 所示。

步骤 6：将制作好的字幕拖曳到视频轨道中并拉长至与其他视频轨道中的素材对齐，

【参考视频】

如图 6.75 所示。

图 6.73   图 6.74

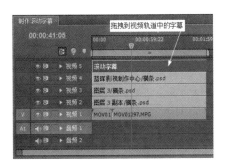

图 6.75

步骤 7：字幕在【节目监视器】窗口中的部分截图，如图 6.76 所示。

图 6.76

> **视频播放**：制作滚动字幕的详细介绍，请观看配套视频"制作滚动字幕.wmv"。

3. 对滚动字幕进行遮罩和输出

1) 使用视频特效给滚动字幕进行遮罩

步骤 1：单选"视频 5"视频轨道中的滚动字幕。

步骤 2：在【效果】面板中双击"键控"类视频特效中的 4 点无用信号遮罩 视频特效，即可将该特效添加到单选的滚动字幕中。

步骤 3：在【特效控制台】中设置"4 点无用信号遮罩"视频特效的参数，具体设置如

【参考视频】

图 6.77 所示。在【节目监视器】窗口中的截图效果，如图 6.78 所示。

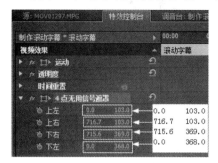

图 6.77　　　　　　　　　　　　　　　　　图 6.78

2）输出文件

步骤 1： 在菜单栏中单击 文件(F) → 导出(E) → 媒体(M)... 命令，弹出【导出设置】对话框，具体设置如图 6.79 所示。

步骤 2： 单击 导出 按钮即可将制作好的滚动字幕导入为制定的媒体格式。

视频播放： 对滚动字幕进行遮罩和输出的详细介绍，请观看配套视频"对滚动字幕进行遮罩和输出.wmv"。

4．【滚动/游动选项】对话框参数介绍

【滚动/游动选项】对话框主要用来调节字幕的运动方式、卷入、卷出时间调节等。在【字幕编辑器】窗口中单击 (滚动/游动选项(R))按钮，弹出【滚动/游动选项】对话框，如图 6.80 所示。

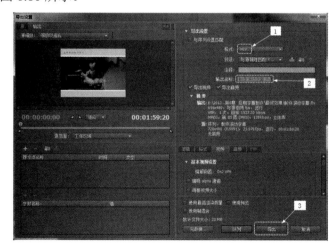

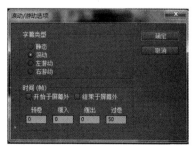

图 6.79　　　　　　　　　　　　　　　　　图 6.80

（1）字幕类型 参数组，主要用来控制字幕的运动方式，包括"静态""滚动""左游动"和"右游动"4 种运动方式。

① 静态 参数，单选此项，创建的字幕为静态字幕，字幕所在的位置为用户调节的字幕

201

【参考视频】

位置。

② 滚动 参数，单选此项，创建的字幕为滚动字幕，滚动方式为从屏幕的底部向屏幕的顶部滚动。

③ 左游动 参数，单选此项，创建的字幕为游动字幕，游动方式为从屏幕的右侧向屏幕的左侧游动，如图 6.81 所示。

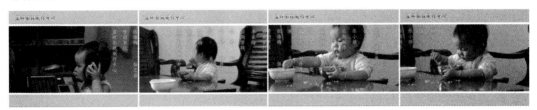

图 6.81

④ 右游动 参数，单选此项，创建的字幕为游动字幕，游动方式为从屏幕的左侧向屏幕的右侧游动，如图 6.82 所示。

图 6.82

(2) 时间(帧) 参数组，主要用来调节滚动字幕的起始位置、滚入滚出的速度。包括"开始于屏幕外""结束于屏幕外""预卷""缓入""患出"和"过卷"6 个参数，各个参数的具体介绍如下。

① 开始于屏幕外 参数，勾选此项，字幕从屏幕外开始滚动。

② 结束于屏幕外 参数，勾选此项，字幕滚动到屏幕外结束。

③ 预卷 参数，主要用来调节字幕滚动停止前停留的帧数。

④ 缓入 参数，主要用来调节字幕从滚动开始到匀速运动的帧数。

⑤ 缓出 参数，主要用来调节字幕从匀速运动到滚动结束的帧数。

⑥ 过卷 参数，主要用来调节字幕滚动停止后停留的帧数。

> 视频播放：【滚动/游动选项】对话框参数介绍详细讲解，请观看配套视频"【滚动/游动选项】对话框参数介绍.wmv"。

6.2.4 举一反三

使用该案例介绍的方法，创建一个名为"制作滚动字幕举一反三.prproj"节目文件，根据配套资源中提供的素材，制作如下效果并输出命名为"制作滚动字幕举一反三.flv"文件。

【参考视频】

6.3　字幕排版技术

6.3.1　影片预览

影片在本书提供的配套素材中的"第 6 章 后期字幕制作/最终效果/6.3 字幕排版技术.flv"文件中。通过观看影片了解本案例的最终效果。本案例主要介绍"自动换行"命令和"停止跳格"工具的使用；叠加对象的选择和顺序的改变；怎样在字幕中导入 Logo 图案以及相关操作。

6.3.2　本案例画面及制作步骤(流程)分析

案例部分画面效果如下：

案例制作的大致步骤：

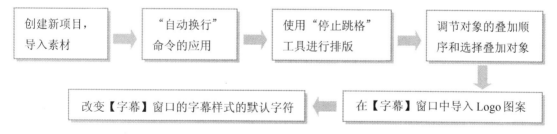

6.3.3　详细操作步骤

案例引入：

(1) 怎样对字幕文字进行自动换行？

(2) "停止跳格"工具的主要作用是什么？

(3) 怎样删除和查看跳格符？

(4) 怎样调节和选择叠加对象？

(5) 什么是 Logo 图案？

(6) 怎样在文字块中插入和编辑 Logo 图案？

1. 创建新项目和导入素材

步骤 1： 启动 Premiere Pro CS6 软件，创建一个名为"字幕排版技术.prproj"的项目文件。

步骤 2： 导入如图 6.83 所示的素材。

步骤 3： 将素材拖曳到"字幕排版技术"序列窗口的轨道中，如图 6.84 所示。在【节目监视器】窗口中的截图效果如图 6.85 所示。

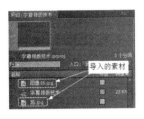

图 6.83 　　　　　　　 图 6.84 　　　　　　　 图 6.85

> **视频播放：** 创建新项目和导入素材的详细介绍，请观看配套视频"创建新项目和导入素材.wmv"。

2. "自动换行"命令的应用

在使用 **T**(输入工具)或 **T**(垂直文字工具)输入字幕文字时，如果不勾选"自动换行"命令，文字内容在超出屏幕安全框时不会自动换行，如图 6.86 所示。如果勾选了"自动换行"命令，在输入文字时，到字幕安全框的位置处会自动换行，如图 6.87 所示。

"自动换行"命令的使用方法比较简单。具体操作方法如下。

步骤 1： 在【字幕】窗口选择需要进行自动换行的字幕文字。

步骤 2： 在菜单栏中单击 字幕(T) → 自动换行(W) 命令，此时，在 自动换行(W) 命令前面出现一个 ✓ 图标，则选择的字幕一旦超出字幕安全框的边界时，自动换行。

提示： 如果 自动换行(W) 命令前面出现 ✓ 图标，表示启动了自动换行功能，如果再在菜单栏中单击 字幕(T) → 自动换行(W) 命令，则取消自动换行功能。

图 6.86 　　　　　　　 图 6.87

> **视频播放：** "自动换行"命令的应用的详细介绍，请观看配套视频""自动换行"命令的应用.wmv"。

【参考视频】　　　【参考视频】

3．使用"停止跳格"工具进行排版

在 Premiere Pro CS6 中，"停止跳格"工具是一个非常实用的字幕辅助工具，它相当于文字处理系统中的制表符，使用它可以对字幕进行对齐和分布操作。

在一组字幕中可以制作多个和不同类型的制表符。在输入文字时，通过按键盘上的"Tab"键即可在制表符之间来回跳格。

1）"停止跳格"工具的具体操作方法

步骤 1：打开一个【字幕】窗口，单选如图 6.88 所示的字幕对象。

图 6.88

步骤 2：在【字幕】窗口中的字幕类型控制区单击 (制表符设置(T)…)按钮，弹出【制表符设置】对话框，如图 6.89 所示。

步骤 3：在【制表符设置】对话框中单击 (跳格左对齐)按钮，将光标移到【制表符设置】对话框中的标尺上，按住鼠标左键进行移动，此时，字幕对象上出现一条黄色垂直线，在移动的过程中注意垂直黄色线的位置，就是左对齐的位置，确定黄色垂直线的位置之后，松开鼠标左键即可，如图 6.90 所示。

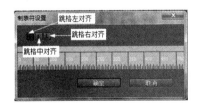

图 6.89

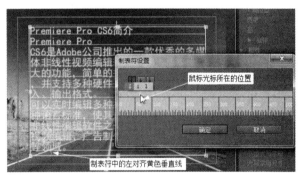

图 6.90

步骤 4：在【制表符设置】对话框中单击 (跳格中心对齐)按钮，将光标移到【制表符设置】对话框中的标尺上，按住鼠标左键进行移动，此时，字幕对象上出现一条黄色垂直线，在移动的过程中注意垂直黄色线的位置，就是中心对齐的位置，确定黄色垂直线的位置之后，松开鼠标左键即可，如图 6.91 所示。

步骤 5：在【制表符设置】对话框中单击 (跳格右对齐)按钮，将光标移到【制表符设置】对话框中的标尺上，按住鼠标左键进行移动，此时，字幕对象上出现一条黄色垂直线，在移动的过程中注意垂直黄色线的位置，就是右对齐的位置，确定黄色垂直线的位置之后，松开鼠标左键即可，如图 6.92 所示。

　　步骤 6：跳格符设置完毕，单击 确定 按钮退出【制表符设置】对话框。

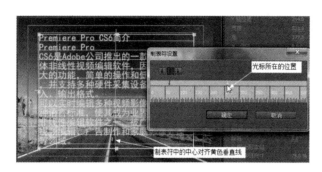
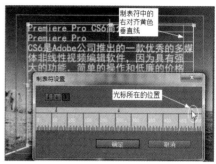

图 6.91　　　　　　　　　　　　　　　　　图 6.92

　　步骤 7：将光标移到字幕的第 1 句话的开始处单击，如图 6.93 所示。

　　步骤 8：按键盘上的"Tab"键一次，此时，第一句话与左对齐跳格符对齐，如图 6.94 所示。

图 6.93　　　　　　　　　　　　　　　　　图 6.94

　　步骤 9：再按键盘上的"Tab"键一次，此时，第一句话与中心对齐跳格符对齐，如图 6.95 所示。

图 6.95

步骤 10：如果在按键盘上的"Tab"键一次，则第一句话与右对齐跳格符对齐。

步骤 11：方法同上，将其他字幕与中心对齐跳格符对齐。最终效果如图 6.96 所示。

2)【制表符设置】对话框介绍

在【制表符设置】对话框中包括■(跳格左对齐)、■(跳格中心对齐)和▲(跳格右对齐)
3 个按钮。

(1) ■(跳格左对齐)按钮，单击该按钮，主要用来创建一个左对齐文字的跳格符。

(2) ■(跳格中心对齐)按钮，单击该按钮，主要用来创建一个中心对齐文字的跳格符。

(3) ▲(跳格右对齐)按钮，单击该按钮，主要用来创建一个右对齐文字的跳格符。

3) 删除跳格符

跳格符的删除方法很简单，单击▦(制表符设置(T)…)按钮，弹出【制表符设置】对话
框，将光标移到需要删除的跳格符上，按住鼠标左键拖曳到数字标尺外即可将其删除。

4) 查看跳格符

在 Premiere Pro CS5 中，默认情况下，设置完跳格符关闭【制表符设置】对话框之后，
跳格符黄色垂直线不在【字幕】窗口中显示，这为文字输入带来不便。

为了方便文字输入，可以在菜单栏中单击 字幕(T) → 查看(V) → 跳格标记(M) 命令即可显示垂直黄
色跳格线，如图 6.97 所示。

图 6.96

图 6.97

视频播放：使用"停止跳格"工具进行排版详细讲解，请观看配套视频"使用"停止
跳格"工具进行排版参数介绍.wmv"。

4. 调节对象的叠加顺序和选择叠加对象

1) 调节对象的叠加顺序

如需在一个【字幕】窗口中创建多个对象时，先创建的对象总在后创建的对象下面，
如果有重叠的部分，则后创建的对象覆盖先创建的对象。在 Premiere Pro CS6 中，允许用
户通过菜单栏中的命令改变它们的叠加次序。具体操作方法如下。

步骤 1：在【字幕】窗口中单选需要改变叠加次序的对象。

步骤 2：在菜单栏中单击 字幕(T) → 排列(G) 命令，弹出二级子菜单，如图 6.98 所示。

步骤 3：根据实际要求将光标移到二级子菜单中的相关命令上单击即可。

207

【参考视频】

"排列"命令的二级子菜单中包括 4 个调节对象次序的命令。各个命令的作用如下。

(1) 放到最上层(B) 命令，单击该命令，将选择的对象置于最上层。

(2) 上移一层(F) 命令，单击该命令，将选择的对象与它上面的对象互换层级。

(3) 放到最底层(S) 命令，单击该命令，将选择的对象与它下面的对象互换层级。

(4) 下移一层(K) 命令，单击该命令，将选择的对象置于最底层。

2) 选择叠加对象

在一个【字幕】窗口中创建多个叠加对象时，如果通过鼠标单击来选择叠加对象，难度比较大，不过可以通过菜单栏中的命令来完成此操作。具体操作方法如下。

步骤 1：在【字幕】窗口中任意单选一个对象。

步骤 2：在菜单栏中单击 字幕(T) → 选择(C) 命令，弹出二级子菜单，如图 6.99 所示。

放到最上层(B)	Ctrl+Shift+]
上移一层(F)	Ctrl+]
放到最底层(S)	Ctrl+Shift+[
下移一层(K)	Ctrl+[

上层的第一个对象(F)	
上层的下一个对象(A)	Ctrl+Alt+]
下层的下一个对象(B)	Ctrl+Alt+[
下层的最后一个对象(L)	

图 6.98   图 6.99

"选择"命令的二级子菜单中包括 4 个选择对象的命令。各个命令的作用如下。

(1) 上层的第一个对象(F) 命令，单击该命令，则选择最上层的对象。

(2) 上层的下一个对象(A) 命令，单击该命令，则以当前选择的对象为准，选择它上面的对象。

(3) 下层的下一个对象(B) 命令，单击该命令，则以当前选择的对象为准，选择它下面的对象。

(4) 下层的最后一个对象(L) 命令，单击该命令，则选择最下层的对象。

视频播放：调节对象的叠加顺序和选择叠加对象详细讲解，请观看配套视频"调节对象的叠加顺序和选择叠加对象.wmv"。

5．在【字幕】窗口中导入 Logo 图案

在 Premiere Pro CS6 中，通过【字幕】窗口可以将其他软件设置的 Logo 图案作为标志插入【字幕】窗口作为字幕的一部分。可以给 Logo 图案赋予各种样式，也可对它进行复杂编辑。

1) 将 Logo 图案插入【字幕】窗口中

步骤 1：新建一个字幕文件，打开【字幕】窗口。

步骤 2：在菜单栏中单击 字幕(T) → 标记(L) → 插入标记(I)... 命令，弹出【导入图像为标记】对话框，选择需要导入的 Logo 图案，如图 6.100 所示。

步骤 3：单击 打开(O) 按钮，即可将选择的 Logo 图案插入【字幕】窗口，如图 6.101 所示。

步骤 4：调节插入的 Logo 图案的位置、尺寸、不透明度、旋转和缩放比例等。最终效果如图 6.102 所示。

提示：对插入的 Logo 图案的编辑与字幕文字的编辑方法一样，可以对 Logo 图案的位置、尺寸、不透明度、旋转和缩放比例等进行编辑。

【参考视频】

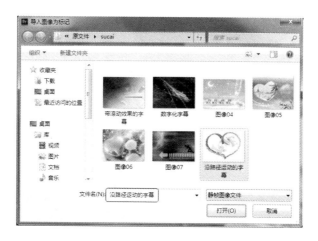

图 6.100

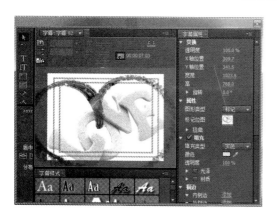

图 6.101

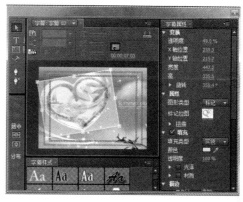

图 6.102

2) 将 Logo 图案插入文字块中

步骤 1：新建一个字幕文字，输入文字内容并将光标放置在插入 Logo 图案的位置，如图 6.103 所示。

图 6.103

步骤 2：在菜单栏中单击 字幕(T)→ 标记(L)→ 插入标记到文字(T)... 命令，弹出【导入图像为标记】对话框，选择需要导入的 Logo 图案，如图 6.104 所示。

步骤 3：单击 打开(O) 按钮，即可将选择的 Logo 图案插入文字块中，并适当调节文字块的行间距，最终效果如图 6.105 所示。

图 6.104

图 6.105

3) 恢复 Logo 图案的原始大小或比例

步骤 1：单选需要恢复原始大小或比例的 Logo 图案。

步骤 2：在菜单栏中单击 字幕(T) → 标记(L) → 重置标记大小(R) / 重置标记纵横比(A) 命令，即可将 Logo 图案恢复到初始状态。

> **视频播放**：在【字幕】窗口中导入 Logo 图案详细讲解，请观看配套视频"在【字幕】窗口中导入 Logo 图案.wmv"。

6. 改变【字幕】窗口中的字幕样式的默认字符

在 Premiere Pro CS6 中，字幕样式的默认显示字幕为"Aa"，如图 6.106 所示。用户可以根据自己的习惯，修改显示文字。具体操作方法如下。

步骤 1：在菜单栏中单击 编辑(E) → 首选项(N) → 字幕(T)... 命令，打开【首选项】对话框，设置参数，具体设置如图 6.107 所示。

步骤 2：单击 确定 按钮，完成设置，如图 6.108 所示。

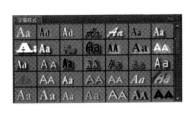

图 6.106

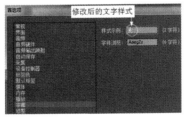

图 6.107

图 6.108

> **提示**：在【首选项】对话框中，"样式示例"右边的文本输入框中最多能输入 2 个字符。

> **视频播放**：改变【字幕】窗口中的字幕样式的默认字符详细讲解，请观看配套视频"改变【字幕】窗口中的字幕样式的默认字符.wmv"。

【参考视频】

【参考视频】

6.3.4　举一反三

利用本案例所学的知识，制作如下字幕效果。

6.4　绘制字幕图形

6.4.1　影片预览

影片在本书提供的配套素材中的"第 6 章 后期字幕制作/最终效果/6.4 绘制字幕图形.flv"文件中。通过观看影片了解本案例的最终效果。本案例主要介绍在【字幕】窗口中绘制各种绘图的方法和技巧。

6.4.2　本案例画面及制作步骤(流程)分析

案例部分画面效果如下：

案例制作的大致步骤：

| 创建新项目 | ➡ | 使用钢笔工具绘制"图形标志1" | ➡ | 使用图形工具绘制"图形标志2" |

6.4.3　详细操作步骤

案例引入：

(1) 路径工具有什么作用，怎样灵活应用路径工具绘制路径图形？

(2) 怎样快速绘制剪影马的路径图形？

(3) 怎样绘制 Logo 图案和路径属性参数设置？

1．创建新项目

启动 Premiere Pro CS6 软件，创建一个名为"绘制字幕图形.prproj"的项目文件。

视频播放：创建新项目的详细讲解，请观看配套视频"创建新项目.wmv"。

2. 绘制"图形标志 1"

使用【字幕】窗口中的各种工具绘制如图 6.109 所示的标志，具体操作方法如下。

步骤 1：在菜单栏中单击 字幕(T) → 新建字幕(E) → 默认静态字幕(S)... 命令，弹出【新建字幕】对话框，具体设置如图 6.110 所示。

步骤 2：单击 确定 按钮即可创建一个字幕文件。

步骤 3：在工具面板中单击 (矩形工具)，在字幕编辑区绘制一个矩形并设置填充色为纯白色，如图 6.111 所示。

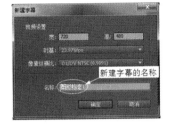

图 6.109　　　　　　　　　　图 6.110　　　　　　　　　　图 6.111

步骤 4：在工具面板中单击 (椭圆形工具)绘制一个圆(宽度和高度都为 460)，设置填充色为纯黑色。

步骤 5：确保绘制的圆被选中，单击 (垂直居中)和 (水平居中)按钮，使绘制的圆在字幕编辑垂直水平居中，如图 6.112 所示。

步骤 6：方法同上。一次绘制 3 个圆，大小和叠放顺序如图 6.113 所示。

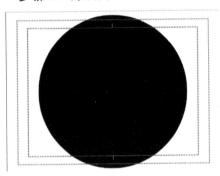

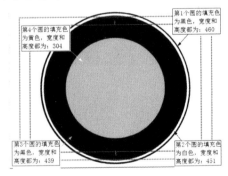

图 6.112　　　　　　　　　　　　　　图 6.113

步骤 7：使用 (钢笔工具)绘制如图 6.114 所示的 2 条闭合曲线。

步骤 8：使用 (转换定位点工具)对绘制的 2 条闭合曲线进行顶点的调节，设置闭合曲线的属性，具体设置如图 6.115 所示。最终效果如图 6.116 所示。

步骤 9：方法同上。使用 (钢笔工具)和 (转换定位点工具)绘制如图 6.117 所示的图形。

步骤 10：单击 (路径文字工具)，绘制如图 6.118 所示的文字路径，输入如图 6.119 所示的文字。

【参考视频】

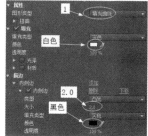

图 6.114　　　　　　　　　　　图 6.115　　　　　　　　　　　图 6.116

图 6.117　　　　　　　　　　　图 6.118　　　　　　　　　　　图 6.119

步骤 11：方法同上。再输入如图 6.120 所示文字。

步骤 12：在【字幕样式】面板中单击 样式并将字体设置为 Adobe Kaiti Std 字体。效果如图 6.121 所示。

步骤 13：使用 (钢笔工具)绘制如图 6.122 所示的五角星。

图 6.120　　　　　　　　　　　图 6.121　　　　　　　　　　　图 6.122

3. 绘制 "图形标志 2"

使用 (钢笔工具)绘制如图 6.123 所示图形标志。具体操作方法如下：

步骤 1：使用 (钢笔工具)绘制如图 6.124 所示的闭合曲线。

步骤 2：使用 (转换定位点工具)对绘制的图形进行调节，如图 6.125 所示。

步骤 3：将闭合曲线 图形类型 设置为 "填充曲线" 并将填充色调节为蓝色，如图 6.126 所示。

步骤 4：方法同上。绘制如图 6.127 所示闭合曲线，并将闭合曲线 图形类型 设置为 "填充曲线" 并将填充色调节为白色，如图 6.128 所示。

【参考视频】　　　【参考视频】

图 6.123

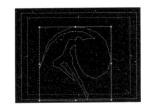

图 6.124

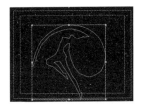

图 6.125

图 6.126

图 6.127

图 6.128

步骤 5：继续使用 (钢笔工具)和 (转换定位点工具)绘制如图 6.129 所示的图形。

步骤 6：使用 (矩形工具)绘制一个矩形并填充为白色，在绘制的矩形上单击鼠标右键，在弹出的快捷菜单中单击 排列 → 放到最底层 命令，即可将绘制的曲线放到绘制好的图形最底层，如图 6.130 所示。

图 6.129

图 6.130

6.4.4　举一反三

利用本案例所学的知识，制作如下字幕效果。

第7章

综合案例制作

技 能 点

1. 电子相册
2. 画面擦出效果的制作
3. 多画面平铺效果
4. 画中画效果
5. 倒计时电影片头的制作

说 明

本章主要通过 5 个案例对前面所学知识进行综合运用和巩固。

在前面的章节中，对 Premiere Pro CS6 基础知识、视频切换效果、视频特效、音频特效、音频切换效果、字幕等知识作了详细介绍，本章主要利用前面所学知识讲解 Premiere Pro CS6 的综合应用，使读者进一步巩固和加强前面所学知识，增强知识的综合应用能力，能够举一反三，轻松完成各种复杂的影视后期剪辑，创作出更加完美的影视作品。

7.1　电　子　相　册

7.1.1　影片预览

影片在本书提供的配套素材中的"第 7 章 综合案例制作/最终效果/7.1 电子相册.flv"文件中。通过观看影片了解本案例的最终效果。本案例主要介绍电子相册制作的方法与技巧。

7.1.2　本案例画面及制作步骤(流程)分析

案例部分画面效果如下：

案例制作的大致步骤：

7.1.3　详细操作步骤

案例引入：

(1) 什么是标志，怎样插入标志？

(2) 怎样综合应用字幕样式？

(3) 电子相册制作的基本流程是什么？

(4) 怎样合理添加视频切换效果以及设置参数？

1. 创建新项目和导入素材

步骤 1：启动 Premiere Pro CS6 软件，创建一个名为"电子相册.prproj"的项目文件。

步骤 2：利用前面所学知识导入如图 7.1 所示的素材。

步骤 3：将背景图片和音频素材分别拖曳到"视频 1"和"音频 1"轨道中，如图 7.2 所示。

步骤 4：将"叠化"类视频特效中的 文文叠化（标准）视频特效添加到"视频 1"视频轨道中相邻素材之间，如图 7.3 所示。

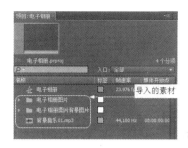

图 7.1

图 7.2

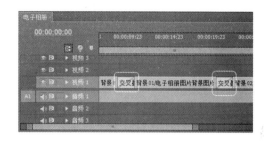

图 7.3

视频播放： 创建新项目和导入素材的详细介绍，请观看配套视频"创建新项目和导入素材.wmv"。

2. 制作图片标记字幕

图片标记字幕制作的原理是新建字幕文件。在【字幕编辑】窗口中插入图标作为标记，给插入的图片添加字幕样式，再对添加的字幕样式进行属性设置即可。具体操作方法如下。

步骤 1： 在菜单栏中单击 字幕(T) → 新建字幕(E) → 默认静态字幕(S)... 命令，弹出【新建字幕】对话框，具体设置如图 7.4 所示。

步骤 2： 单击 确定 按钮即可创建一个名为"字幕 01"的字幕文件。

步骤 3： 插入标记。在菜单栏中单击 字幕(T) → 标记(L) → 插入标记(I)... 命令，弹出【导入图像为标记】对话框，在该对话框单选需要导入的图片，如图 7.5 所示。

图 7.4

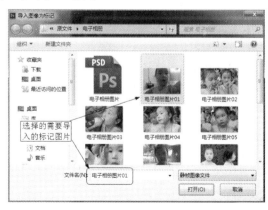

图 7.5

217

【参考视频】

步骤 4：单击 打开(O) 按钮即可将选择的图片导入【字幕编辑】窗口中，如图 7.6 所示。

步骤 5：在【字幕编辑】窗口中单选导入的标记图片，在【字幕样式】中单击 CaslonPro Slant Blue 70 样式，并在【字幕属性】中调节参数，具体调节如图 7.7 所示。最终效果如图 7.8 所示。

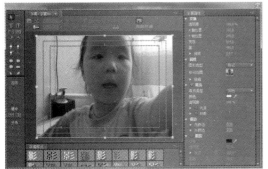 

图 7.6   图 7.7

步骤 6：单击 按钮将制作好的字幕文件关闭，在【项目】窗口中的效果如图 7.9 所示。

 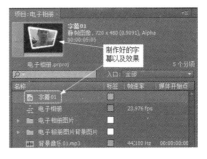

图 7.8   图 7.9

步骤 7：方法同上。再制作 10 个字幕文件。制作好的字幕效果如图 7.10 所示。

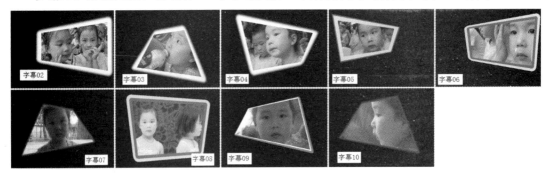

图 7.10

提示：以上字幕效果只供参考，读者可以根据自己的喜好调节不同的效果。

视频播放：制作图片标记字幕的详细介绍，请观看配套视频制作图片标记字幕.wmv"。

【参考视频】

3. 将制作好的字幕拖曳到视频轨道中并调节运动参数

1) 将素材拖曳到视频轨道

将制作好的字幕拖曳到"视频 2"和"视频 3"轨道中，如图 7.11 所示。

图 7.11

2) 调节视频轨道中素材的运动参数

步骤 1：将"时间指示器"移到第 3 秒 0 帧的位置，调节视频轨道中素材的参数，具体调节如图 7.12 所示。在【节目监视器】窗口中的效果如图 7.13 所示。

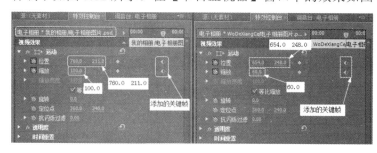

图 7.12

图 7.13

步骤 2：将"时间指示器"移到第 8 秒 0 帧的位置，调节视频轨道中素材的参数，具体调节如图 7.14 所示。在【节目监视器】窗口中的效果如图 7.15 所示。

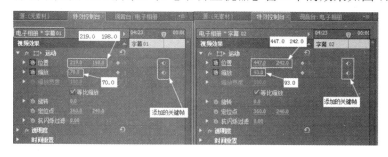

图 7.14

图 7.15

步骤 3：将"时间指示器"移到第 13 秒 0 帧的位置，调节视频轨道中素材的参数，具体调节如图 7.16 所示。在【节目监视器】窗口中的效果如图 7.17 所示。

步骤 4：将"时间指示器"移到第 18 秒 0 帧的位置，调节视频轨道中素材的参数，具体调节如图 7.18 所示。在【节目监视器】窗口中的效果如图 7.19 所示。

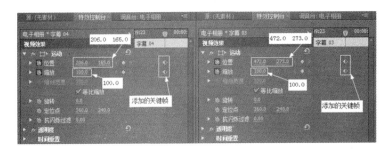

图 7.16 图 7.17

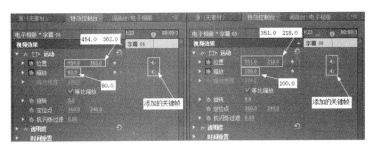

图 7.18 图 7.19

步骤 5：将"时间指示器"移到第 23 秒 0 帧的位置，调节视频轨道中素材的参数，具体调节如图 7.20 所示。在【节目监视器】窗口中的效果如图 7.21 所示。

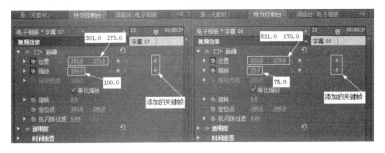

图 7.20 图 7.21

步骤 6：将"时间指示器"移到第 29 秒 0 帧的位置，调节视频轨道中素材的参数，具体调节如图 7.22 所示。在【节目监视器】窗口中的效果如图 7.23 所示。

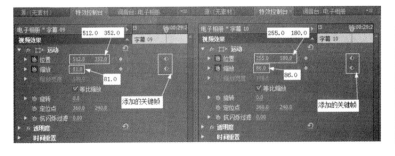

图 7.22 图 7.23

步骤 7：将"时间指示器"移到第 0 秒 0 帧的位置，调节视频轨道中素材的参数，具体调节如图 7.24 所示。在【节目监视器】窗口中的效果如图 7.25 所示。

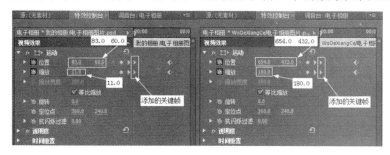

图 7.24   图 7.25

步骤 8：将"时间指示器"移到第 5 秒 0 帧的位置，调节视频轨道中素材的参数，具体调节如图 7.26 所示。在【节目监视器】窗口中的效果如图 7.27 所示。

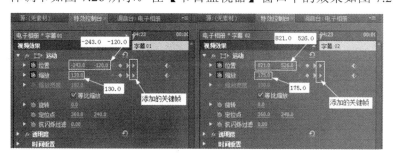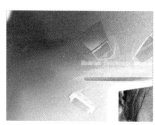

图 7.26   图 7.27

步骤 9：将"时间指示器"移到第 10 秒 5 帧的位置，调节视频轨道中素材的参数，具体调节如图 7.28 所示。在【节目监视器】窗口中的效果如图 7.29 所示。

步骤 10：将"时间指示器"移到第 15 秒 10 帧的位置，调节视频轨道中素材的参数，具体调节如图 7.30 所示。在【节目监视器】窗口中的效果如图 7.31 所示。

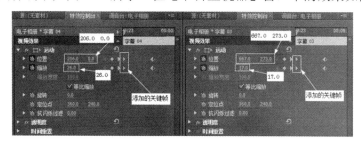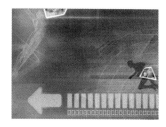

图 7.28   图 7.29

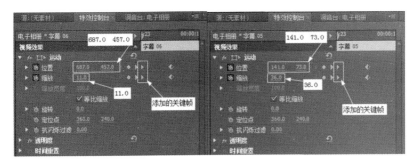

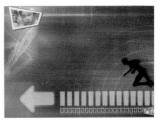

图 7.30　　　　　　　　　　　　　　　　　　　图 7.31

步骤 11：将"时间指示器"移到第 15 秒 10 帧的位置，调节视频轨道中素材的参数，具体调节如图 7.32 所示。在【节目监视器】窗口中的效果如图 7.33 所示。

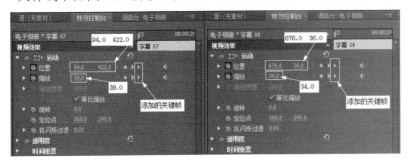

图 7.32　　　　　　　　　　　　　　　　　　　图 7.33

步骤 12：将"时间指示器"移到第 25 秒 20 帧的位置，调节视频轨道中素材的参数，具体调节如图 7.34 所示。在【节目监视器】窗口中的效果如图 7.35 所示。

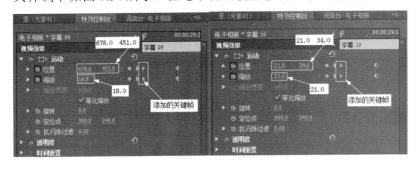

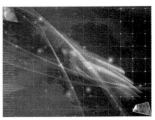

图 7.34　　　　　　　　　　　　　　　　　　　图 7.35

4. 添加视频切换效果

步骤 1：将"卷页"类视频切换效果中的 卷走 和 翻页 视频切换效果拖曳到如图 7.36 所示的位置。在【节目监视器】窗口中的截图效果如图 7.37 所示。

步骤 2：将"三维运动"类视频切换效果中的 立方体旋转 和 旋转离开 视频切换效果拖曳到如图 7.38 所示的位置。在【节目监视器】窗口中的截图效果如图 7.39 所示。

【参考视频】

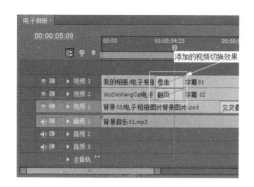

图 7.36

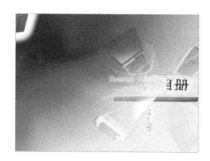

图 7.37

图 7.38

图 7.39

步骤 3：将"滑动"类视频切换效果中的 多旋转 和 旋涡 视频切换效果拖曳到如图 7.40 所示的位置。在【节目监视器】窗口中的截图效果如图 7.41 所示。

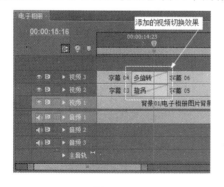

图 7.40

图 7.41

步骤 4：将"光圈"类视频切换效果中的 划像交叉 和 点划像 视频切换效果拖曳到如图 7.42 所示的位置。在【节目监视器】窗口中的截图效果如图 7.43 所示。

步骤 5：将"缩放"类视频切换效果中的 缩放框 和 缩放拖尾 视频切换效果拖曳到如图 7.44 所示的位置。在【节目监视器】窗口中的截图效果如图 7.45 所示。

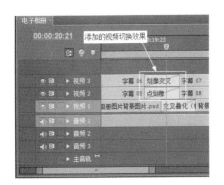

图 7.42

图 7.43

图 7.44

图 7.45

步骤 6：添加完之后的视频切换效果的序列窗口，如图 7.46 所示。

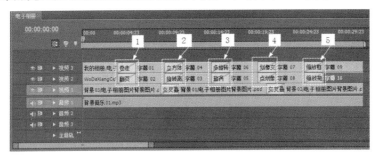

图 7.46

步骤 7：将制作好的电子相册进行输出。

7.1.4 举一反三

使用该案例介绍的方法，创建一个名为"电子相册举一反三.prproj"节目文件，收集一些自己喜欢的照片，制作电子相册并输出命名为"电子相册举一反三.flv"文件。

7.2　画面擦出效果的制作

7.2.1　影片预览

影片在本书提供的配套素材中的"第 7 章　综合案例制作/最终效果/7.2 画面擦出效果的制作.flv"文件中。通过观看影片了解本案例的最终效果。本案例主要介绍画面擦出效果的制作方法与技巧。

7.2.2　本案例画面及制作步骤(流程)分析

案例部分画面效果如下：

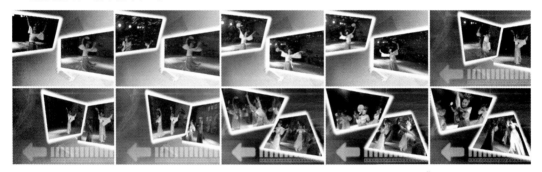

案例制作的大致步骤：

创建新项目，导入素材 ➡ 将视频素材添加到"视频1"视频轨道中 ➡ 给视频添加视频特效来调节视频画面形状 ➡ 给素材添加"过渡"类视频特效

7.2.3　详细操作步骤

案例引入：

(1) 画面擦出效果的制作原理是什么？

(2) 怎样综合应用"过渡"特效组中的视频特效？

1. 创建新项目和导入素材

步骤 1：启动 Premiere Pro CS6 软件，创建一个名为"画面擦出效果的制作.prproj"的项目文件。

步骤 2：利用前面所学知识导入如图 7.47 的素材。

步骤 3：将背景图片和音频素材分别拖曳到视频轨道和音频轨道中，如图 7.48 所示。

视频播放：创建新项目和导入素材的详细介绍，请观看配套视频"创建新项目和导入素材.wmv"。

【参考视频】

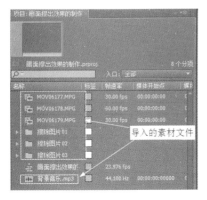

图 7.47　　　　　　　　　　　　　　图 7.48

2. 将视频素材添加到 "视频 1" 视频轨道中

给 "视频 1" 视频轨道添加视频素材的方法是：在【素材预览】窗口中通过标记素材的出点和入点。再使用█(仅拖动视频)按钮将入出点之间的视频素材拖曳到 "视频 1" 视频轨道中，具体操作方法如下。

步骤1：在【项目】窗口中双击 MOV06177.MPG 图标，使该素材在【素材预览】窗口显示。

步骤2：在【素材预览】窗口中确定 "MOV06177.MPG" 视频素材的入点和出点，如图 7.49 所示。

步骤3：将光标移到█(仅拖动视频)按钮上，按住鼠标左键拖曳到 "视频 1" 视频轨道中，如图 7.50 所示。

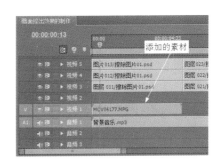

图 7.49　　　　　　　　　　　　　　图 7.50

步骤4：在【素材预览】窗口中再设置一段长为 3 秒的视频素材，如图 7.51 所示。

步骤5：将确定好入出点位置的素材拖曳到 "视频 2" 视频轨道中，如图 7.52 所示。

步骤6：方法同上，将其他两段素材通过设置入出点，将其拖曳到视频轨道中，如图 7.53 所示。

图 7.51

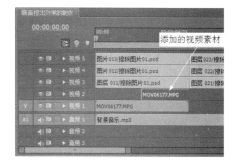

图 7.52

图 7.53

视频播放：将视频素材添加"视频 1"视频轨道中的详细介绍，请观看配套视频"将视频素材添加"视频 1"视频轨道中.wmv"。

3. 给视频添加视频特效来调节视频画面形状

视频画面的形状调节主要通过"边角固定"视频特效来实现。具体操作方法如下。

步骤 1： 在序列窗口中单选"视频 1"视频轨道中的素材。

步骤 2： 在【效果】窗口中双击"扭曲"类视频特效中的 🔲 边角固定 视频特效即可给选中的视频添加该特效。

步骤 3： 在【特效控制台】中调节"边角固定"视频特效的参数，具体调节如图 7.54 所示。在【节目监视器】窗口中的效果如图 7.55 所示。

提示：方法同上。给"视频 1"和"视频 2"视频轨道中的所有素材分别添加"边角固定"视频特效。调节"边角固定"的控制点。控制点的调节方法可以在【特效控制台】中单击 边角固定 图标，此时，在【节目监视器】窗口中出现 4 个控制点的图标，将光标移到需要移动的控制点上，按住鼠标左键进行移动即可调节控制点。

【参考视频】

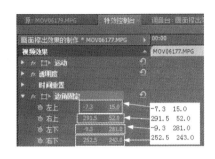

图 7.54　　　　　　　　　　　　　　　图 7.55

视频播放：给视频添加视频特效来调节视频画面形状的详细介绍，请观看配套视频"给视频添加视频特效来调节视频画面形状.wmv"。

4. 给素材添加"过渡"类视频特效

添加"过渡"类视频特效的目的是将遮住视频的图片逐渐擦除，从而显示出底层的视频素材的画面。具体操作方法如下。

步骤 1：单选"视频 4"视频轨道中的第一个遮罩图片"图片 012 擦除图片 01.psd"。

步骤 2：在【效果】窗口中双击"过渡"类视频特效中的 渐变擦除 视频特效即可给选中的遮罩图片添加该特效。

步骤 3：将"时间指示器"移到第 0 帧的位置。在【特效控制台】中给"渐变擦除"视频特效添加关键帧和调节参数，具体调节如图 7.56 所示。

步骤 4：将"时间指示器"移到第 1 秒 0 帧的位置。在【特效控制台】中给"渐变擦除"视频特效添加关键帧和调节参数，具体调节如图 7.57 所示。在【节目监视器】窗口中的效果如图 7.58 所示。

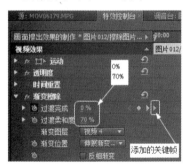

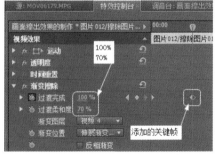

图 7.56　　　　　　　　　　　图 7.57　　　　　　　　　　　图 7.58

步骤 5：单选"视频 5"轨道中的"图片 013/擦除图片 01.psd"遮罩图片。

步骤 6：在【效果】窗口中双击"过渡"类视频特效中的 百叶窗 视频特效，即可给选中

【参考视频】

的遮罩图片添加该特效。

步骤 7：将"时间指示器"移到"视频 2"轨道中第 1 段素材的入点位置。

步骤 8：在【特效控制台】中调节"百叶窗"视频特效的参数和添加关键帧。具体调节如图 7.59 所示。

步骤 9：将"时间指示器"往后移动 1 秒，在【特效控制台】中将 过渡完成 的参数调节为"100%"，系统给该参数自动添加一个关键帧。在【节目监视器】窗口中的效果如图 7.60 所示。

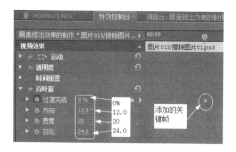

图 7.59

图 7.60

提示：方法同上。继续给"视频 4"和"视频 5"视频轨道中的遮罩图片添加"过渡"类视频特效并调节参数。如果有不明白的地方，可以参考配套教学视频。

视频播放：给素材添加"过渡"类视频特效的详细介绍，请观看配套视频"给素材添加'过渡'类视频特效.wmv"。

7.2.4　举一反三

使用该案例介绍的方法，创建一个名为"画面擦出效果的制作举一反三.prproj"节目文件，收集一些自己喜欢的照片，制作电子相册并输出命名为"画面擦出效果的制作举一反三.flv"文件。

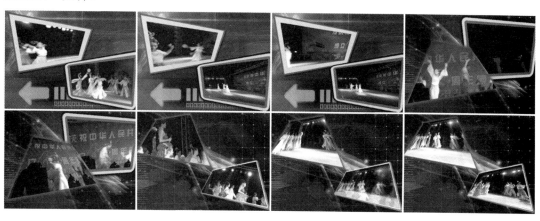

229

7.3 多画面平铺效果

7.3.1 影片预览

影片在本书提供的配套素材中的"第 7 章 综合案例制作/最终效果/7.3 多画面平铺效果.flv"文件中。通过观看影片了解本案例的最终效果。本案例主要介绍多画面平铺效果制作的方法和技巧。

7.3.2 本案例画面及制作步骤(流程)分析

案例部分画面效果如下:

案例制作的大致步骤:

创建新项目，导入素材 → 添加视频轨道并将素材拖曳到轨道中 → 给视频素材添加"边角固定"视频特效

7.3.3 详细操作步骤

案例引入:

(1) 多画面平铺效果的制作原理是什么?

(2) 怎样综合应用"过渡"特效组中的视频特效?

(3) 怎样综合应用"边角固定"视频特效?

1. 创建新项目和导入素材

步骤 1: 启动 Premiere Pro CS6 软件，创建一个名为"多画面平铺效果.prproj"的项目文件。

步骤 2: 利用前面所学知识导入如图 7.61 的素材。

视频播放: 创建新项目和导入素材的详细介绍，请观看配套视频"创建新项目和导入素材.wmv"。

2. 添加视频轨道并将素材拖曳到轨道中

步骤 1: 在序列窗口中的视频轨道标头处单击鼠标右键，弹出快捷菜单，如图 7.62 所示。

【参考视频】

步骤 2：在弹出的快捷菜单中单击⟦添加轨道...⟧命令，弹出【添加视音轨】对话框，具体设置如图 7.63 所示。

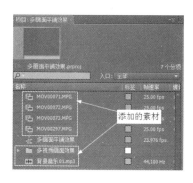
图 7.61

图 7.62

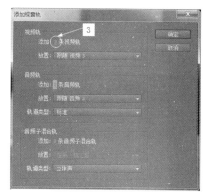
图 7.63

步骤 3：单击⟦确定⟧按钮即可添加 3 条视频轨道，如图 7.64 所示。

步骤 4：将素材拖曳到轨道中，如图 7.65 所示。

图 7.64

图 7.65

视频播放：添加视频轨道并将素材拖曳到轨道中的详细介绍，请观看配套视频"添加视频轨道并将素材拖曳到轨道中.wmv"。

3．给视频素材添加"边角固定"视频特效

步骤 1：单选"视频 4"轨道中的素材。在【效果】面板中双击"扭曲"类视频特效中的⟦边角固定⟧视频特效，即可给单选的素材添加该视频特效。

步骤 2：在【特效控制台】中调节"边角固定"视频特效的参数，具体调节如图 7.66 所示。在【节目监视器】窗口中的效果如图 7.67 所示。

步骤 3：单选"视频 3"轨道中的素材。在【效果】面板中双击"扭曲"类视频特效中的⟦边角固定⟧视频特效，即可给单选的素材添加该视频特效。

步骤 4：在【特效控制台】中调节"边角固定"视频特效的参数，具体调节如图 7.68 所示。在【节目监视器】窗口中的效果如图 7.69 所示。

【参考视频】

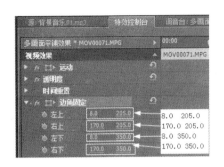

图 7.66

图 7.67

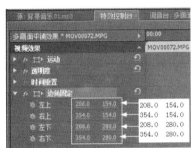

图 7.68

图 7.69

步骤 5：单选"视频 2"轨道中的素材。在【效果】面板中双击"扭曲"类视频特效中的 边角固定 视频特效，即可给单选的素材添加该视频特效。

步骤 6：在【特效控制台】中调节"边角固定"视频特效的参数，具体调节如图 7.70 所示。在【节目监视器】窗口中的效果如图 7.71 所示。

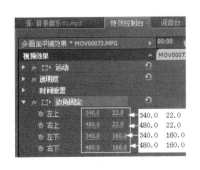

图 7.70

图 7.71

步骤 7：单选 "视频 1" 轨道中的素材。在【效果】面板中双击 "扭曲" 类视频特效中的 ▣边角固定 视频特效，即可给单选的素材添加该视频特效。

步骤 8：在【特效控制台】中调节 "边角固定" 视频特效的参数，具体调节如图 7.72 所示。在【节目监视器】窗口中的效果如图 7.73 所示。

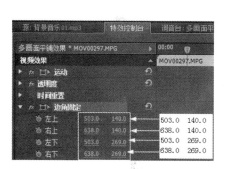

调节 "边角固定" 的4个控制点

图 7.72　　　　　　　　　　　　图 7.73

视频播放：给视频素材添加 "边角固定" 视频特效的详细介绍，请观看配套视频 "给视频素材添加 "边角固定" 视频特效.wmv"。

7.3.4　举一反三

使用该案例介绍的方法，创建一个名为 "多画面平铺效果举一反三.prproj" 节目文件，收集一些自己喜欢的照片，制作电子相册并输出命名为 "多画面平铺效果举一反三.flv" 文件。

7.4　画中画效果

7.4.1　影片预览

影片在本书提供的配套素材中的 "第 7 章 综合案例制作/最终效果/7.4 画中画效果.flv" 文件中。通过观看影片了解本案例的最终效果。本案例主要介绍画中画效果的制作方法与技巧。

【参考视频】

7.4.2 本案例画面及制作步骤(流程)分析

案例部分画面效果如下:

案例制作的大致步骤:

7.4.3 详细操作步骤

案例引入:

(1) 画中画效果的制作原理是什么?

(2) 怎样创建嵌套序列?嵌套序列的原理是什么?

(3) 怎样对嵌套序列进行抠像?

(4) 运动画面制作的原理是什么?

1. 创建新项目和导入素材

步骤1: 启动 Premiere Pro CS6 软件,创建一个名为"画中画效果.prproj"的项目文件。

步骤2: 利用前面所学知识导入如图 7.74 所示的素材。

> **视频播放:** 创建新项目和导入素材的详细介绍,请观看配套视频"创建新项目和导入素材.wmv"。

2. 新建序列文件并制作遮罩效果

1) 创建名为"画中画嵌套序列 01"的序列

步骤 1: 在菜单栏中单击 文件(F) → 新建(N) → 序列(S)... 命令(或按键盘上的"Ctrl+N"组合键)。弹出【新建序列】对话框,在该对话框中的 序列名称 右边的文本输入框中输入"画中画嵌套序列 01",单击 确定 按钮即可创建一个名为"画中画嵌套序列 01"的序列文件,如图 7.75 所示。

> **提示:**【新建序列】对话框中的其他参数设置与新建项目中的序列参数完全相同。

步骤2: 在【项目】窗口中将"画中画 01/画中画效果.psd"图片素材拖曳到"画中画嵌套序列 01"序列窗口中,并将素材出点拉长至第 6 秒 0 帧位置处,如图 7.76 所示。

【参考视频】

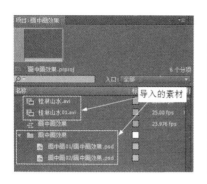
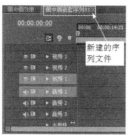
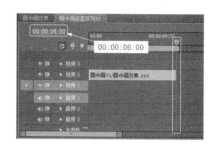

图 7.74 图 7.75 图 7.76

步骤 3：单选"视频 2"轨道中的素材，在【特效控制台】中调节素材的参数，具体调节如图 7.77 所示。在【节目监视器】窗口中的效果如图 7.78 所示。

图 7.77 图 7.78

步骤 4：在【项目】窗口中双击"桂林山水.avi"素材图标，在【素材预览】窗口中显示。

步骤 5：在【素材预览】窗口中设置素材的出入点，如图 7.79 所示。

步骤 6：将光标移到 (仅拖动视频)按钮上，按住鼠标左键将素材拖曳到"视频 1"轨道中，如图 7.80 所示。在【节目监视器】窗口中的效果如图 7.81 所示。

图 7.79 图 7.80

2) 创建名为"画中画嵌套序列 02"的序列

步骤 1：方法同上。再创建一个"画中画嵌套序列 02"的序列，如图 7.82 所示。

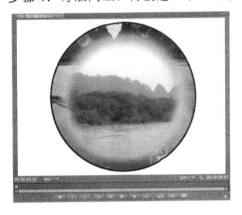

图 7.81　　　　　　　　　　　　　　　　图 7.82

步骤 2：将【项目】窗口中的"画中画 02/画中画效果.psd"图片素材拖曳到"视频 2"视频轨道中，并将素材的出点拉长至第 6 秒 0 帧的位置，如图 7.83 所示。

步骤 3：单选"视频 2"轨道中的素材，在【特效控制台】中调节单选素材的参数，具体调节如图 7.84 所示。在【节目监视器】窗口中的效果如图 7.85 所示。

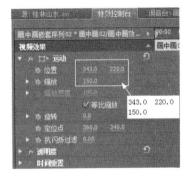

图 7.83　　　　　　　　　　　　　　　　图 7.84

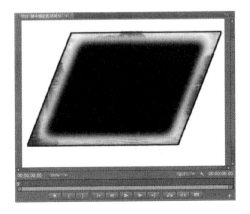

图 7.85

　　步骤 4：方法同上，在"桂林山水 01.avi"视频中截一段 6 秒长的素材拖曳"视频 1"轨道中，如图 7.86 所示，在【节目监视器】窗口中的效果如图 7.87 所示。

图 7.86　　　　　　　　　　　　　　　　　图 7.87

　　视频播放：新建序列文件并制作遮罩效果的详细介绍，请观看配套视频"新建序列文件并制作遮罩效果.wmv"。

　　3.　创建序列嵌套和抠像

　　在这里通过"颜色键"视频特效对序列进行抠像。具体操作方法如下。

　　步骤 1：在"桂林山水 01.avi"视频中截一段 6 秒长的素材拖曳到"画中画效果"序列窗口中的"视频 1"轨道中，如图 7.88 所示。

　　步骤 2：将"画中画嵌套序列 01"和"画中画嵌套序列 02"序列文件分别拖曳到"视频 2"和"视频 3"视频轨道中，如图 7.89 所示。

　　步骤 3：单选"视频 2"轨道中的"画中画嵌套序列 01"序列，在【效果】窗口中双击"键控"类视频特效中的 颜色键 视频特效，在【特效控制台】中调节"颜色键"视频特效的参数，具体调节如图 7.90 所示。抠像后的效果如图 7.91 所示。

图 7.88　　　　　　　　　　图 7.89　　　　　　　　　　图 7.90

　　步骤 4：方法同上，对"视频 3"轨道中的"画中画嵌套序列 02"序列进行抠像。抠像后的效果如图 7.92 所示。

　　视频播放：创建序列嵌套和抠像的详细介绍，请观看配套视频"创建序列嵌套和抠像.wmv"。

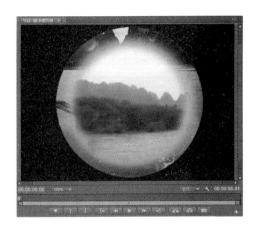

图 7.91   图 7.92

4．制作运动画面效果

运动动画的制作主要通过调节视频轨道中的素材的"运动"相关参数来实现，具体操作方法如下。

步骤 1： 暂时隐藏"视频 3"视频轨道中的嵌套序列。隐藏嵌套序列的方法是：单击 ▶视频3 左边的 ◉ 按钮即可隐藏"视频 3"视频轨道中的嵌套序列。

步骤 2： 单选"视频 2"视频轨道中的嵌套序列文件，将"时间指示器"移到第 0 帧的位置。在【特效控制台】中调节单选的嵌套序列文件的参数，具体调节如图 7.93 所示。在【节目监视器】窗口中的效果如图 7.94 所示。

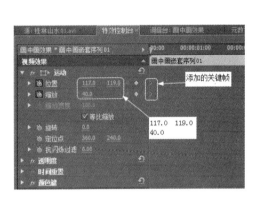

图 7.93   图 7.94

步骤 3： 将"时间指示器"移到第 5 秒 0 帧的位置，调节参数，具体调节如图 7.95 所示。在【节目监视器】窗口中的效果如图 7.96 所示。

步骤 4： 将"视频 3"视频轨道中的嵌套序列文件显示出来。显示方法是：单击 ▶视频3 视频轨道左边的 ■ 图标即可将"视频 3"视频轨道中的嵌套序列显示出来。

图 7.95　　　　　　　　　　　　　　　　　　图 7.96

　　步骤 5：将"时间指示器"移到第 0 帧的位置，调节"视频 3"视频轨道中的嵌套序列的"运动"相关参数，具体调节如图 7.97 所示。在【节目监视器】窗口中的效果如图 7.98 所示。

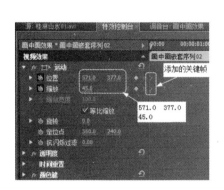

图 7.97　　　　　　　　　　　　　　　　　　图 7.98

　　步骤 6：将"时间指示器"移到第 5 秒 0 帧的位置，调节"视频 3"视频轨道中的嵌套序列的"运动"相关参数，具体调节如图 7.99 所示。效果请观看案例部分画面效果的最后一幅截图。

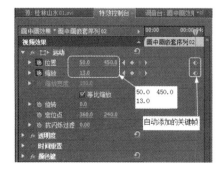

图 7.99

视频播放：制作运动画面效果的详细介绍，请观看配套视频"制作运动画面效果.wmv"。

7.4.4 举一反三

使用该案例介绍的方法，创建一个名为"画中画效果举一反三.prproj"节目文件，收集一些自己喜欢的照片，制作电子相册并输出命名为"画中画效果举一反三.flv"文件。

7.5 倒计时电影片头的制作

7.5.1 影片预览

影片在本书提供的配套素材中的"第 7 章 综合案例制作/最终效果/7.5 倒计时电影片头的制作.flv"文件中。通过观看影片了解本案例的最终效果。本案例主要介绍倒计时电影片的制作方法与技巧。

7.5.2 本案例画面及制作步骤(流程)分析

案例部分画面效果如下：

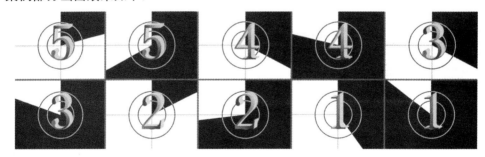

案例制作的大致步骤：

7.5.3 详细操作步骤

案例引入：

(1) 倒计时电影片头效果的制作原理是什么？

(2) 怎样创建数字字幕和背景图形字幕？

(3) "时钟式划变"视频切换效果的应用方法与技巧是什么？

【参考视频】

1. 创建新项目

启动 Premiere Pro CS6 软件，创建一个名为"倒计时电影片头的制作.prproj"的项目文件。

视频播放：创建新项目的详细介绍，请观看配套视频"创建新项目.wmv"。

2. 创建数字字幕文件

步骤 1：在菜单栏中单击 字幕(T) → 新建字幕(E) → 默认静态字幕(S)… 命令，弹出【新建字幕】对话框，具体设置如图 7.100 所示。

步骤 2：单击 确定 按钮即可创建一个字幕文件。

步骤 3：使用 (输入工具)工具在字幕编辑区输入数字"1"，设置数字"1"的属性，具体设置和最终效果如图 7.01 所示。

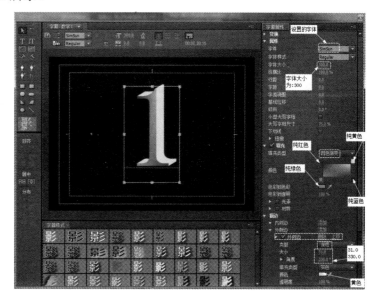

图 7.100　　　　　　　　　　　图 7.101

步骤 4：在【字幕编辑】窗口中单击 (基于当前字幕)按钮，弹出【新建字幕】对话框，具体设置如图 7.102 所示。

步骤 5：单击 确定 按钮即可创建一个基于当前字幕的字幕文件。

步骤 6：使用 (输入工具)工具将【字幕编辑】窗口中的数字"1"改为"2"，其他属性为默认参数，效果如图 7.103 所示。

步骤 7：方法同步骤 4 至步骤 6，再创建"数字 3""数字 4"和"数字 5"三个字幕，分别如图 7.104～图 7.106 所示。

视频播放：创建数字字幕文件的详细介绍，请观看配套视频"创建数字字幕文件.wmv"。

241

【参考视频】　【参考视频】

图 7.102	图 7.103	图 7.104

3. 创建背景图形

背景图形的创建方法与数字字幕的创建方法基本相同，具体操作方法如下。

步骤 1： 在菜单栏中单击 字幕(T)→ 新建字幕(E)→ 默认静态字幕(S)... 命令，弹出【新建字幕】对话框，具体设置如图 7.107 所示。

图 7.105	图 7.106	图 7.107

步骤 2： 单击 确定 按钮即可创建一个字幕文件。

步骤 3： 使用 ◤(直线工具)，在【字幕编辑】窗口中绘制直线，如图 7.108 所示。

步骤 4： 使用 ◉(椭圆形工具)在【字幕编辑】窗口中绘制两个圆，如图 7.109 所示。

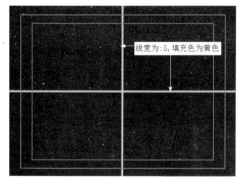

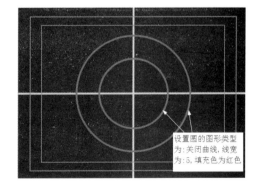

图 7.108	图 7.109

步骤 5： 使用 ▢(矩形工具)在【字幕编辑】窗口中绘制一个白色矩形并连续按键盘上的 "Ctrl+[" 组合键，将绘制的白色矩形放置到最底层，最终效果如图 7.110 所示。

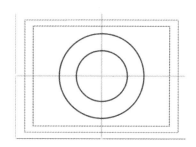

图 7.110

步骤 6： 方法同上，再创建一个 "背景 02" 字幕，绘制如图 7.111 所示图形效果。

视频播放： 创建背景图形的详细介绍，请观看配套视频 "创建背景图形.wmv"。

4. 使用创建的背景图形和数字字幕制作倒计时效果

步骤 1： 将创建的数字字幕和背景图形拖曳到视频轨道中，如图 7.112 所示。

步骤 2： 在【效果】窗口中将 "擦除" 类视频切换效果中的 时钟式划变 视频切换效果连续拖曳 5 次，依次放到 "视频 2" 视频轨道中的 5 段素材上，在【特效控制台】中设置 "时钟式划变" 视频切换效果的参数，具体设置如图 7.113 所示。

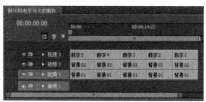
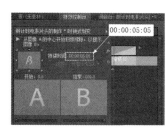

图 7.111　　　　　　　　图 7.112　　　　　　　　图 7.113

步骤 3： 在【倒计时电影片头的制作】序列窗口中的效果如图 7.114 所示。

图 7.114

提示： "视频 2" 视频轨道中的 5 段素材上的 "时钟式划变" 视频切换效果的参数设置完全相同。"倒计时效果" 的最终效果请读者参考 "案例部分画面效果" 截图。

视频播放： 使用创建的背景图形和数字字幕制作倒计时效果的详细介绍，请观看配套视频 "使用创建的背景图形和数字字幕制作倒计时效果.wmv"。

7.5.4　举一反三

创建一个名为"倒计时电影片头的制作举一反三.prproj"节目文件，制作倒计时效果并输出命名为"倒计时电影片头的制作举一反三.flv"文件。

提示：在菜单栏中单击 文件(F) → 新建(N) → 倒计时向导...命令，弹出【新建通用倒计时片头】对话框，如图 7.115 所示，单击 确定 按钮，弹出【倒计时向导设置】对话框，如图 7.116 所示，读者可以根据自己的喜好调节参数，单击 确定 按钮即可。

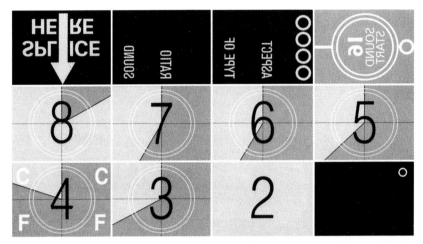

图 7.115

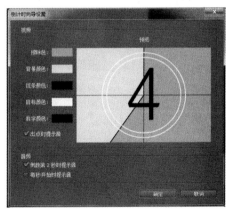

图 7.116

第 **8** 章

专 题 训 练

技 能 点

1. 《MTV——世上只有妈妈好》基本概述
2. 《MTV——世上只有妈妈好》专题片技术实训

说 明

　　本章主要通过《MTV——世上只有妈妈好》专题片案例的讲解，全面介绍使用 Premiere Pro CS6 制作 MTV 和专题片的创作思路、流程、实用技巧和节目的最终输出等知识。

【参考视频】

本章主要通过来源于实践生活的素材，通过一个经典案例全面介绍专题片制作的基本流程和使用技巧。通过该案例的学习，读者可以把自己喜欢的歌曲制作成 MTV，在家中或公共场所使用媒体播放器进行播放与朋友分享自己的影视作品，也可以制作各种专题片，例如，晚会、运动会、生日晚会、重要节日、各种庆典活动和旅游景点介绍等专题片，送给自己的亲戚、朋友、同事或领导。

8.1 《MTV——世上只有妈妈好》基本概述

《世上只有妈妈好》的歌曲出自香港电影《苦儿流浪记》，原唱为该电影主演萧芳芳，后被台湾电影《妈妈再爱我一次》引用广为传唱。本 MTV 的视频来自自己小孩的生活片段，在该专题片制作中本人主要负责视频录制、后期编辑、背景音乐配歌词、导演等工作。

8.1.1 专题片制作的基本流程

(1) 在平时多积累相关的素材并进行归类保存。

(2) 根据自己的创意撰写拍摄脚本，MTV 制作的脚本与电影拍摄的脚本相比相对来说没那么严格，如果比较熟悉的读者也可以不写拍摄脚本，直接进行拍摄或从积累的素材中挑选合适的素材。作为一个初学 MTV 制作的用户来说，建议读者最好是写一个大致的拍摄脚本，便于拍摄，也有利于培养一种好的制作习惯。

(3) 对收集的素材进行分类整理并进行第二次创意。

(4) 对素材进行后期编辑制作。

(5) 将制作好的节目输出为影片。

8.1.2 MTV 的歌词

《世上只有妈妈好》

(1) 世上只有妈妈好，有妈的孩子像块宝。

(2) 投进妈妈的怀抱，幸福享不了。

(3) 世上只有妈妈好，没妈的孩子像根草。

(4) 离开妈妈的怀抱，幸福哪里找？

(5) 世上只有妈妈好，有妈的孩子像块宝。

(6) 投进妈妈的怀抱，幸福享不了。

(7) 世上只有妈妈好，没妈的孩子像根草。

(8) 离开妈妈的怀抱，幸福哪里找？

(9) 世上只有妈妈好，有妈的孩子像块宝。

(10) 投进妈妈的怀抱，幸福享不了。

(11) 世上只有妈妈好，没妈的孩子像根草。

(12) 离开妈妈的怀抱，幸福哪里找？

8.2 《MTV——世上只有妈妈好》专题片技术实训

8.2.1 影片预览

影片在本书提供的配套素材中的"第 8 章 专题训练/最终效果/8.2 《MTV——世上只有妈妈好》.flv"文件中。通过观看影片了解本案例的最终效果。本案例主要介绍《MTV——世上只有妈妈好》专题片制作的流程、方法和技巧。

8.2.2 本案例画面及制作步骤(流程)分析

案例部分画面效果如下:

案例制作的大致步骤:

【参考视频】

8.2.3 详细操作步骤

案例引入：

(1) 专题片制作的主要流程是什么？

(2) 怎样使用标记进行声画对位？

(3) 怎样合理使用视频切换效果？

(4) 怎样合理调节视频与音频的节奏？

(5) 各段素材和景别之间的组接需要注意哪些方面？

1. 使用 Photoshop 制作遮罩效果

遮罩效果主要使用 Photoshop 软件对收集的素材进行相关处理。具体操作方法如下。

步骤 1： 启动 Photoshop CS5 软件。

步骤 2： 在菜单栏中单击 文件(F) → 新建(N)… 命令，弹出【新建】对话框，具体设置如图 8.1 所示。

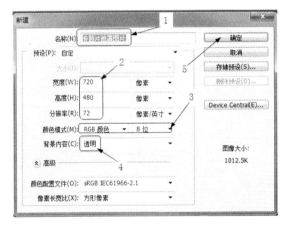

图 8.1

　步骤 3： 单击 确定 按钮，即可创建一个名为"专题片遮罩图片.psd"的大小为 720×480 的透明文件。

　步骤 4： 打开一张如图 8.2 所示的图片，将其拖曳到"专题片遮罩图片.psd"文件中，并对图片适当缩放，如图 8.3 所示。

　步骤 5： 调节图片的色阶。单选拖曳到文件中的图片所在图层。在菜单栏中单击 图像(I) → 调整(A) → 色阶(L)… 命令(或按键盘上的"Ctrl+L"组合键)弹出【色阶】对话框，具体设置如图 8.4 所示。

　步骤 6： 单击 确定 按钮即可得到如图 8.5 所示的效果。

　步骤 7： 使用 （矩形选框工具)框选需要删除的部分，按键盘上的"Delete"将其删除，如图 8.6 所示。

图 8.2

图 8.3

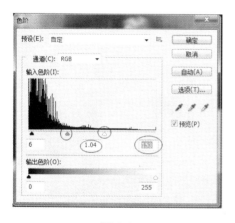

图 8.4

图 8.5

步骤 8：打开一张如图 8.7 所示的图片。

步骤 9：将打开的图片拖曳到"专题片遮罩图片.psd"中，调节大小和位置，修改图层名称和调节位置如图 8.8 所示。效果如图 8.9 所示。

图 8.6

图 8.7

图 8.8　　　　　　　　　　　　　　　　图 8.9

步骤 10：使用(横排文字工具)输入如图 8.10 所示的文字。

步骤 11：在【样式】面板中单击(双环发光)按钮即可为文字添加该样式，效果如图 8.11 所示。

图 8.10　　　　　　　　　　　　　　　　图 8.11

步骤 12：保存制作完成的遮罩文件。

视频播放：使用 Photoshop 制作遮罩效果的详细介绍，请观看配套视频"使用 Photoshop 制作遮罩效果.wmv"。

2．使用 Photoshop CS5 制作歌曲字幕文件

步骤 1：启动 Photoshop CS5 软件。

步骤 2：新建一个名为"第 1 句歌词.psd"的大小为 720×480 的透明文件。

步骤 3：使用(横排文字工具)输入"世上只有妈妈好，有妈的孩子像块宝"两句歌词，字体颜色为蓝色，位置如图 8.12 所示。

步骤 4：将光标移到【图层】面板中的文字图层上，此时，光标变成形态，如图 8.13 所示。

步骤 5：按住鼠标左键拖曳到(创建新图层)按钮上，如图 8.14 所示。松开鼠标左键即可复制出一个文字完全相同的副本文字图层，如图 8.15 所示。

【参考视频】

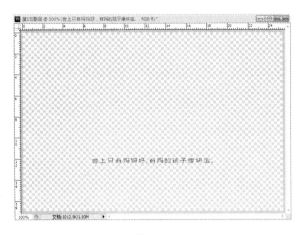

图 8.12

图 8.13

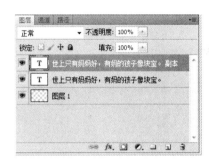

图 8.14

图 8.15

步骤 6：将副本图层中的文字颜色改为纯红色，如图 8.16 所示。

图 8.16

步骤 7：按键盘上的"Ctrl+S"组合键保存文件。

251

提示：本歌曲总共有 12 句歌词，歌曲字幕的制作方法同上。命名方式为"第 N 句歌词"。上面只详细介绍了第 1 句歌词的制作方法，其余 11 句歌词的制作方法相同，在这里就不再详细介绍，读者感兴趣的话可以自己制作，也可以使用所提供的字幕文件。

视频播放：使用 Photoshop CS5 制作歌曲字幕文件的详细介绍，请观看配套视频"使用 Photoshop CS5 制作歌曲字幕文件.wmv"。

3. 创建节目文件和导入素材

步骤 1：启动 Premiere Pro CS6 软件，创建一个名为"《MTV——世上只有妈妈好》专题片.prproj"的项目文件。

步骤 2：利用前面所学知识导入素材。

步骤 3：将导入的背景音乐拖曳到"音频 1"音频轨道中，如图 8.17 所示。

图 8.17

视频播放：创建节目文件和导入素材的详细介绍，请观看配套视频"创建节目文件和导入素材.wmv"。

4. 制作片头

步骤 1：将"时间指示器"移到第 35 秒 07 帧的位置。

步骤 2：将"专题片遮罩图片"中的三个图片拖曳视频轨道中并将其拉长，与"时间指示器"对齐，如图 8.18 所示。

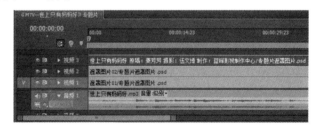

图 8.18

步骤 3：将"时间指示器"移到第 0 帧的位置，单选"视频 3"轨道中的素材。在【特效控制台】调节单选素材的运动参数，具体设置如图 8.19 所示。

【参考视频】　　　【参考视频】

步骤 4：将"时间指示器"移到第 8 秒 8 帧的位置，在【特效控制台】中调节单选素材的运动参数，具体设置如图 8.20 所示。

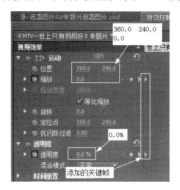
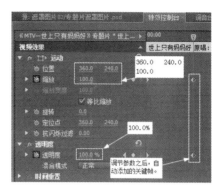

图 8.19 图 8.20

步骤 5：单选"视频 3"轨道中的素材，在【效果】面板中双击"过渡"类视频特效中的 视频特效，即可将该特效添加到单选的素材上。

步骤 6：将"时间指示器"移到第 19 秒 0 帧的位置，在【特效控制台】中调节"线性擦除"视频特效的参数，具体调节如图 8.21 所示。

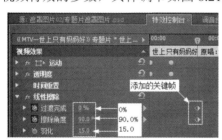
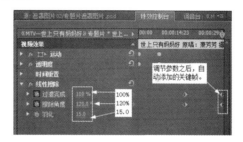

图 8.21 图 8.22

步骤 7：将"时间指示器"移到第 33 秒 22 帧的位置，在【特效控制台】中调节"线性擦除"视频特效的参数，具体调节如图 8.22 所示。

步骤 8：调节完参数之后的部分截图效果如图 8.23 所示。

图 8.23

视频播放：制作片头的详细介绍，请观看配套视频"制作片头.wmv"。

【参考视频】

5. 给背景音乐添加标记、歌曲字幕和视频素材

1) 给背景音乐添加标记

步骤 1：将光标移到"音频 1"轨道左边的▤(设置显示样式)按钮上单击，弹出快捷菜单，如图 8.24 所示。

步骤 2：单选 显示波形 命令，显示音频的波形图，如图 8.25 所示。

图 8.24   图 8.25

步骤 3：按"空格键"对"《MTV——世上只有妈妈好》专题片"序列中的音频进行播放，在播放的同时观察波形图，在监听到歌声开始的位置再按空格键停止播放。

步骤 4：单击序列窗口左上角的▣(添加标记)按钮，即可在"时间指示器"所在位置添加一个标记点，如图 8.26 所示。

步骤 5：按键盘上的空格键，继续监听背景音乐，在第 2 句开始的位置，再按空格键停止播放，单击序列窗口左上角的▣(添加标记)按钮即可在"时间指示器"所在位置添加2 个标记点，如图 8.27 所示。

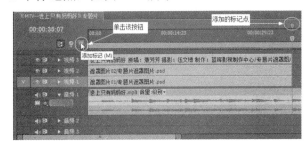

图 8.26   图 8.27

步骤 6：方法同上。对剩余的 11 句歌词设置标记点，最终效果如图 8.28 所示。

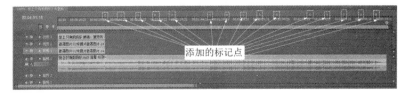

图 8.28

2）根据标记点添加字幕文件

步骤 1：在【项目】窗口中将"第 1 句歌词.psd"文件拖曳到"视频 3"轨道中，与第 1 个标记点对齐，此时，出现 图标，如图 8.29 所示，表示与第 1 个标记点对齐，松开鼠标左键即可，如图 8.30 所示。

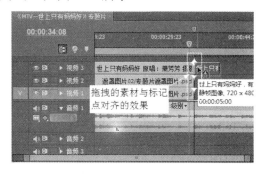 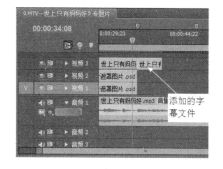

图 8.29   图 8.30

步骤 2：将光标移到刚添加的字幕文件的出点位置，光标变成 图标，按住鼠标左键向右拖曳到与第 2 个标记点对齐，如图 8.31 所示，松开鼠标左键即可，如图 8.32 所示。

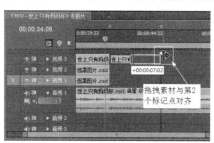

图 8.31

步骤 3：方法同上。将第 1 句蓝色的字幕文件拖曳到序列窗口中，入点与第 1 个标记点对齐，出点与第 2 个标记点对齐，如图 8.33 所示。

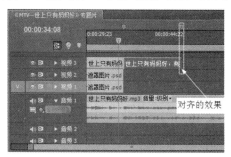

图 8.32   图 8.33

步骤 4：方法同上。将其他歌词的字幕文件拖曳到视频轨道中，如图 8.34 所示。

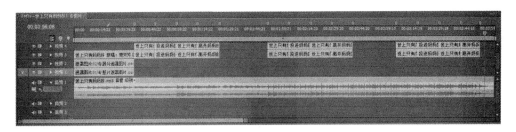

图 8.34

步骤 5：将"视频 2"轨道中的遮罩图片拉长至与"音频 1"轨道中的音频素材的出点对齐，如图 8.35 所示。

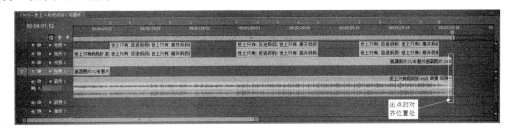

图 8.35

3) 根据歌词添加视频素材

步骤 1：将"时间指示器"移到第 1 个标记点,观察第 1 个标记点时间指示为"00:00:35:07",如图 8.36 所示。

步骤 2：在序列窗口中的时间标尺上单击鼠标右键，在弹出的快捷菜单中单击 到一下标记 命令，跳转到第 2 个标记点，如图 8.37 所示。可以了解到第 2 个标记的时间指示为"00:00:47:09"。

提示：标记点的相关操作，可以在序列窗口中的时间标尺上，单击鼠标左键，弹出快捷菜单，如图 8.38 所示。可以通过快捷菜单中的相关命令对标记点进行相关操作。

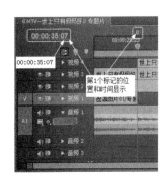

图 8.36   图 8.37   图 8.38

步骤 3：使用第 2 个标记的显示时间减去第 1 个标记点的时间，即可得知要在这两个标记点之间添加的视频素材长度为 12 秒 2 帧。

步骤 4：根据歌词挑选素材。在【项目】窗口中双击需要预览的素材，该素材即可在【素材源预览】窗口中显示。

步骤 5：单击【素材源预览】窗口中的下面的▶(停止-播放)按钮对素材进行预览。

步骤 6：确定需要拖曳到视频轨道中的素材的入点，按键盘上的空格键停止素材预览。单击 (标记入点)按钮，设置素材的入点。

步骤 7：按键盘上的空格键继续播放，当播放到确定为出点的位置，按键盘上的空格键停止播放，再单击 按钮确定素材的出点，如图 8.39 所示。

步骤 8：将光标移到【素材源预览】窗口中的 (仅拖动视频)按钮上，此时，光标变成 形态，按住鼠标左键不放的同时，将素材拖曳到"视频 1"视频轨道中，素材的入点和出点分别与第 1 个标记点和第 2 个标记点对齐，如图 8.40 所示。

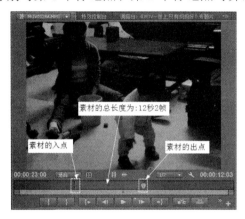

图 8.39

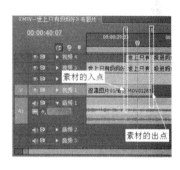

图 8.40

步骤 9：单选添加的"视频 1"视频轨道中的素材，在【特效控制台】中调节素材的运动参数，具体调节如图 8.41 所示。

提示：在两个标记点之间不一定放一段素材，需要根据歌词的含义和收集的素材决定，可以放置多段素材。

步骤 10：调节参数之后，在【节目监视器】窗口中的截图效果如图 8.42 所示。

图 8.41

图 8.42

步骤 11： 方法同上，根据歌词字幕添加其他视频，最终效果如图 8.43 所示。

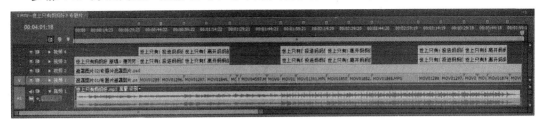

图 8.43

视频播放： 给背景音乐添加标记、歌曲字幕和视频素材的详细介绍，请观看配套视频"给背景音乐添加标记、歌曲字幕和视频素材.wmv"。

6. 使用视频特效、视频切换效果对序列窗口中的素材进行处理

1) 使用视频特效对添加的字幕制作遮罩运动效果

步骤 1： 在"序列"窗口中单选"视频 4"轨道中的第一个字幕素材。

步骤 2： 在【效果】面板中双击"键控"类视频特效中的 ![4点无用信号遮罩] 视频特效即可给选定的素材添加该视频特效。

步骤 3： 将"时间指示器"移到添加"4 点无用信号遮罩"视频特效素材的入点位置，如图 8.44 所示。

步骤 4：【特效控制台】中调节"4 点无用信号遮罩"视频特效的参数，并添加关键帧。具体调节如图 8.45 所示。

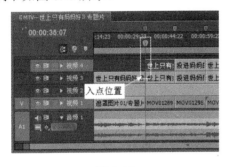

图 8.44

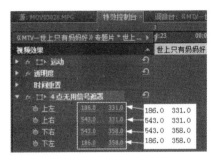

图 8.45

步骤 5： 在【节目监视器】窗口中的效果如图 8.46 所示。

步骤 6： 将"时间指示器"移到第 1 句歌词字幕的出点位置，如图 8.47 所示。调节 4 点无用信号遮罩"视频特效的参数，具体调节如图 8.48 所示。在【节目监视器】窗口中的效果如图 8.49 所示。

步骤 7： 方法同上。对"视频 4"视频轨道中的其他歌词字幕添加遮罩和调节参数。

2) 使用"自动对比度"视频特效对画面的亮度进行调节

步骤 1： 单选"视频 1"视频轨道中的第 1 段素材，如图 8.50 所示。

【参考视频】

图 8.46   图 8.47

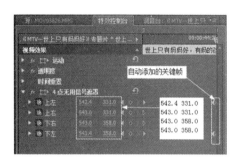

图 8.48   图 8.49

步骤 2：在【效果】面板中双击"调整"类视频特效中的 ▣ 自动对比度 视频特效即可给单选的视频素材添加该视频特效。

步骤 3：在【特效控制台】中调节"自动对比度"视频特效参数，具体调节如图 8.51 所示。在【节目监视器】窗口的效果如图 8.52 所示。

步骤 4：利用前面所学知识，使用其他视频特效对需要调节的视频画面进行调节。

3) 给素材添加视频切换效果

步骤 1：将光标移到"叠化"类视频特效中的 ▣ 附加叠化 视频切换效果上，按住鼠标左键将其拖曳到需要添加该视频特效的位置处，光标变成 ▣ 图标，如图 8.53 所示。

步骤 2：松开鼠标左键即可将该视频切换效果添加到鼠标所在的位置，如图 8.54 所示。在【节目监视器】窗口中的效果如图 8.55 所示。

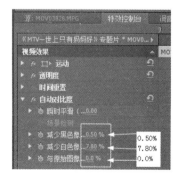

图 8.50   图 8.51

图 8.52　　　　　　　　　　　　　　图 8.53

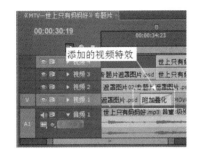

图 8.54　　　　　　　　　　　　　　图 8.55

步骤 3：方法同上，给其他相邻素材添加视频切换效果，最终效果如图 8.56 所示。

图 8.56

提示：在给相邻素材添加视频切换效果时，要根据自己的创意和蒙太奇理论来添加视频切换效果。并不是所有相邻素材之间都要添加视频切换。如果相邻两段素材之间过渡比较自然的话，就不必要添加视频切换效果。

视频播放：使用视频特效、视频切换效果对序列窗口中的素材进行处理的详细介绍，请观看配套视频"使用视频特效、视频切换效果对序列窗口中的素材进行处理.wmv"。

7. 片尾的制作

1) 制作滚动字幕

步骤 1：在菜单栏中单击 字幕(T) → 新建字幕(E) → 默认滚动字幕(R)... 命令，弹出【新建字幕】对话框，具体设置如图 8.57 所示。

步骤 2：单击 确定 按钮，弹出【滚动字幕编辑】窗口。

【参考视频】

步骤 3：单击▣(区域文字工具)，在字幕编辑区从左上角按住鼠标左键拖到右下角释放鼠标，绘制一个文本框，输入如图 8.58 所示的文字。

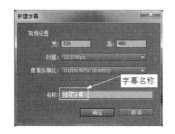

图 8.57

图 8.58

步骤 4：调节文字的属性，具体调节如图 8.59 所示。字幕效果如图 8.60 所示。

步骤 5：在【字幕编辑】窗口中单击▣(滚动/游动选项(R)…)按钮，弹出【滚动/游动选项】对话框，具体设置如图 8.61 所示。

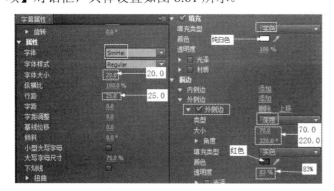

图 8.59

图 8.60

步骤 6：单击 确定 按钮完成滚动字幕的调节。

步骤 7：单击▣按钮，完成"片尾字幕"的制作，如图 8.62 所示。

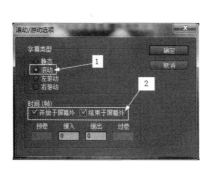

图 8.61

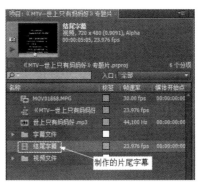

图 8.62

2) 将制作好的滚动字幕拖曳到视频轨道中并添加视频特效

步骤 1：将制作的"片尾字幕"拖曳到视频轨道中如图 8.63 所示。

步骤2：将光标移到"片尾字幕"的出点，此时，光标变成 ![icon] 形态，按住鼠标左键拉长至与音频轨道中的音频素材的出点对齐，如图 8.64 所示。在【节目监视器】窗口中的截图，如图 8.65 所示。

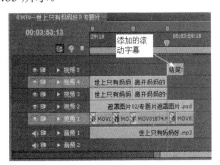

图 8.63

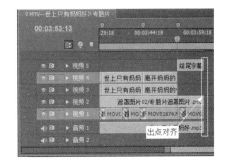

图 8.64

图 8.65

步骤3：单选添加的"结尾字幕"，在【效果】面板中双击"键控"类视频特效中的 ![icon] 视频特效。在【特效控制台】中设置"4 点无用信号遮罩"视频特效的参数，具体设置如图 8.66 所示。

步骤4：在【节目监视器】窗口中的截图，如图 8.67 所示。

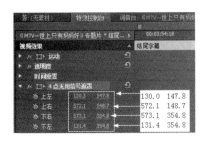

图 8.66

图 8.67

视频播放： 片尾的制作的详细介绍，请观看配套视频 "片尾的制作.wmv"。

8. 输出文件

步骤 1： 整个项目制作完毕之后，单击【节目监视器】窗口中下面的▶(播放-停止切换)按钮进行播放预览，检查剪辑完成的节目效果是否有问题，如有问题及时进行修改。

步骤 2： 在菜单栏中单击 文件(F) → 导出(E) → 媒体(M)... 命令，弹出【导出设置】对话框，具体设置如图 8.68 所示。

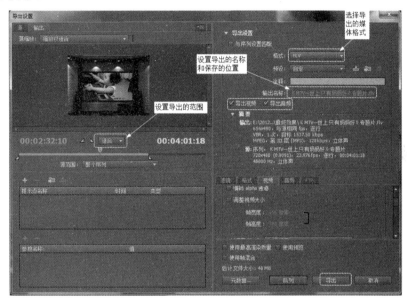

图 8.68

步骤 3： 单击 导出 按钮即可对编辑好的节目按设置的要求进行导出。

提示： 读者如果想输出为其他格式的文件或输出到其他存储介质，可以参考前面所介绍的知识点。

视频播放： 输出文件的详细介绍，请观看配套视频 "输出文件.wmv"。

8.2.4 小结

本专题主要介绍了 MTV 制作的基本流程和制作方法。本案例制作起来比较简单，主要是将前面章节的知识点进行综合性的运用。本专题重复性工作比较多，在讲解中着重介绍制作的方法和使用技巧，重复性的工作只介绍一次，剩余的工作由读者自己完成。在制作过程中使用了 Photoshop 软件制作文字字幕和遮罩等。这是使用多软件结合进行后剪辑的一个典型案例，这种结合方式是提高工作效率的一种很好的方法。

8.2.5 举一反三

根据下面提供的解说文字，收集素材制作一个《美在桂林》的旅游专题片。

【参考视频】　　　　【参考视频】

要求配音、背景音乐、旁白、节奏合理和镜头组接过渡流畅。

《美在桂林》旁白

人言桂林甲天下，我说桂林是我家。

窗前一弯漓江月，屋后几束马樱花。

人道桂林甲天下，我说桂林是我家。

鱼鹰衔来竹筏影，露捧珍珠雾笼沙。

走遍了天涯，走遍了天涯。

你不到那桂林，那就空负了大好年华。

叫我怎能不爱她，叫我怎能不爱她。

人言桂林甲天下，我说桂林是我家。

迎宾请客歌先唱，待客喜品玉茗茶。

走遍了天涯，走遍了天涯。

你不到那桂林，那就空负了大好年华。

叫我怎能不爱她，叫我怎能不爱她。

走遍了天涯，走遍了天涯。

你不到那桂林，那就空负了大好年华。

叫我怎能不爱她，叫我怎能不爱她。

参 考 文 献

[1] 向海涛，刘雪涛，张韬. 影视制作快手 Premiere Pro 6.0 完全自学手册[M]. 北京：北京希望电子出版社，2001.

[2] 程明才，喇平，马呼和. Premiere Pro 2.0 视频编辑剪辑制作完美风暴[M]. 北京：人民邮电出版社，2007.

[3] 陈明红，陈昌柱. 中文 Premiere Pro 影视动画非线性编辑[M]. 北京：海洋出版社，2005.

[4] 赵前，丛琳玮. 动画影片视听语言[M]. 北京：重庆大学出版社. 2007.

[5] 龙马工作室. Premiere Pro 2.0 影视制作从入门到精通[M]. 北京：人民邮电出版社，2008.

[6] 彭宗勤，刘文. Premiere Pro CS3 电脑美术基础与使用案例[M]. 北京：清华大学出版社，2008.

[7] 伍福军，张巧玲，邓进. Premiere Pro 2.0 影视后期制作[M]. 北京：北京大学出版社，2010.

[8] 刘国涛，雷徐冰. Premiere Pro CS6 从入门到精通[M]. 北京：电子工业出版社，2013.